한 권으로 계산 끝 ❶

지은이 차길영
펴낸이 임상진
펴낸곳 (주)넥서스

초판 1쇄 발행 2019년 07월 05일
초판 3쇄 발행 2019년 07월 10일

2판 1쇄 발행 2020년 03월 12일
2판 2쇄 발행 2020년 03월 18일

출판신고 1992년 4월 3일 제311-2002-2호
10880 경기도 파주시 지목로 5
Tel (02)330-5500 Fax (02)330-5555

ISBN 979-11-6165-672-4 (64410)
        979-11-6165-671-7 (SET)

www.nexusbook.com
www.nexusEDU.kr/math

🕐 문제풀이 속도와 정확성을 향상시키는
초등 연산 프로그램

계산력 + 두뇌회전
UP!

한 권으로 계산 끝

수학의 마술사 **차길영** 지음

1

초등수학
1 학년 과정

넥서스에듀

혹시 여러분, 이런 학생은 아닌가요?

문제를 풀면 다 맞긴 하는데 시간이
너무 오래 걸려요.

341＋726

한 자리 숫자는 자신이 있는데
숫자가 커지면 당황해요.

덧셈과 뺄셈은 어렵지 않은데
곱셈과 나눗셈은 무서워요.

계산할 때 자꾸
손가락을 써요.

문제는 빨리 푸는데
채점하면 비가 내려요.

이제 계산 끝이면, 실수 끝! 오답 끝! 걱정 끝!

왜 〈한 권으로 계산 끝〉으로 시작해야 하나요?

수학의 기본은 계산입니다.

계산력이 약한 학생들은 잦은 실수와 문제풀이 시간 부족으로 수학에 대한 흥미를 잃으며 수학을 점점 멀리하게 되는 것이 현실입니다. 따라서 차근차근 계단을 오르듯 수학의 기본이 되는 계산력부터 길러야 합니다. 이러한 계산력은 매일 규칙적으로 꾸준히 학습하는 것이 중요합니다. '창의성'이나 '사고력 및 논리력'은 수학의 기본인 계산력이 뒷받침이 된 다음에 얘기할 수 있는 것입니다. 우리는 '창의성' 또는 '사고력'을 너무나 동경한 나머지 수학의 기본인 '계산'과 '암기'를 소홀히 생각합니다. 그러나 번뜩이는 문제 해결력이나 아이디어, 창의성은 수없이 반복되어 온 암기 훈련 및 꾸준한 학습을 통해 쌓인 지식에 근거한다는 점을 절대 잊으면 안 됩니다.

수학은 일찍 시작해야 합니다.

초등학교 수학 과정은 기초 계산력을 완성시키는 단계입니다. 특히 저학년 때 연산이 차지하는 비율은 전체의 70~80%나 됩니다. 수학 성적의 차이는 머리가 아니라 수학을 얼마나 일찍 시작하느냐에 달려 있습니다. 머리가 좋은 학생이 수학을 잘 하는 것이 아니라 수학을 열심히 공부하는 학생이 머리가 좋아지는 것이죠. 수학이 싫고 어렵다고 어렸을 때부터 수학을 멀리하게 되면 중학교, 고등학교에 올라가서는 수학을 포기하게 됩니다. 수학은 어느 정도 수준에 오르기까지 많은 시간이 필요한 과목이기 때문에 비교적 여유가 있는 초등학교 때 수학의 기본을 다져놓는 것이 중요합니다.

혹시 수학 성적이 걱정되고 불안하신가요?

그렇다면 수학의 기본이 되는 계산력부터 키워주세요. 하루 10~20분씩 꾸준히 계산력을 키우게 되면 티끌 모아 태산이 되듯 수학의 기초가 튼튼해지고 수학이 재미있어질 것입니다. 어떤 문제든 기초 계산 능력이 뒷받침되어 있지 않으면 해결할 수 없습니다.
〈한 권으로 계산 끝〉 시리즈로 수학의 재미를 키워보세요. 여러분은 모두 '수학 천재'가 될 수 있습니다. 화이팅!

수학의 마술사 차길영

구성 및 특징

01 계산 원리 학습

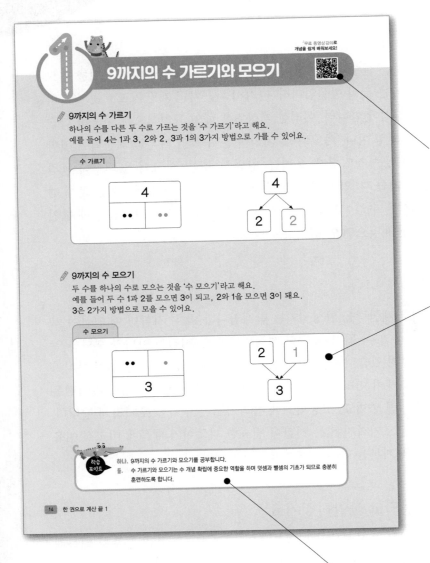

무료 동영상 강의로
계산 원리의 개념을 쉽고
정확하게 이해할 수 있습니다.

QR코드를 스마트폰으로 찍거나
www.nexusEDU.kr/math 접속

초등수학의 새 교육과정에
맞춰 연산 주제의 원리를
이해하고 연산 방법을
이끌어냅니다.

계산 원리의 학습 포인트를
통해 연산의 기초 개념 정리를
한 번에 끝낼 수 있습니다.

02 계산력 학습 및 완성

자신의 진도 목표에 따라 하루에 적당한 분량을 정해 학습합니다.
문제를 풀 때 걸리는 시간을 정확히 측정하고 기록해 보세요.
계산력 향상 Up! Up! Up!

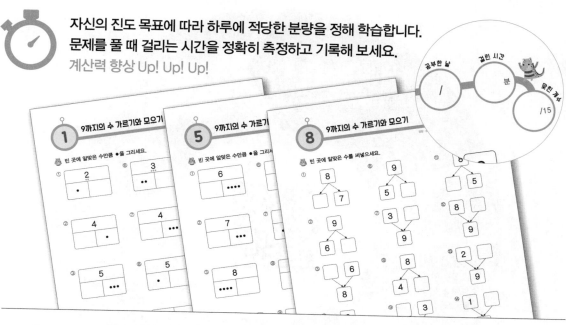

03 실력 체크

교재의 중간과 마지막에 나오는 실력 체크 문제로,
앞서 배운 4개의 강의 내용을 복습하고 다시 한 번
실력을 탄탄하게 점검할 수 있습니다.

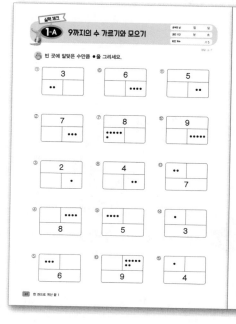

'한 권으로 계산 끝'만의 차별화된 서비스

✅ 스마트폰으로 QR코드를 찍으면 이 모든 것이 가능해요!

1 모바일 진단평가

과연 내 연산 실력은 어떤 레벨일까요? 진단평가로 현재 실력을 확인하고 알맞은 레벨을 선택할 수 있어요.

2 무료 동영상 강의

눈에 쏙! 귀에 쏙! 들어오는 개념 설명 강의를 보면, 문제의 답이 쉽게 보인답니다.

3 초시계

자신의 문제풀이 속도를 측정하고 '걸린 시간'을 기록하는 습관은 계산 끝판왕이 되는 필수 요소예요.

4 마무리 평가

온라인에서 제공하는 별도 추가 종합 문제를 통해 학습한 내용을 복습하고 최종 실력을 확인할 수 있어요.

5 추가 문제

각 권마다 추가로 제공되는 문제로 속도력 + 정확성을 키우세요!

✅ **스마트폰이 없어도 걱정 마세요!**
넥서스에듀 홈페이지로 들어오세요.

※ 진단평가, 마무리 평가의 종합문제 및 추가 문제는 홈페이지에서 다운로드 → 프린트해서 쓸 수 있어요.

www.nexusEDU.kr/math

1 자연수의 덧셈과 뺄셈 기본

초등수학 1 학년 과정

한 권으로 계산 끝 학습계획표

✅ **하루하루 끝내기로 한 학습 분량을 마치고 학습계획표를 체크해 보세요!**

2주 / 4주 / 8주 완성 학습 목표를 정한 뒤에 매일매일 체크해 보세요.
스스로 공부하는 습관이 길러지고, 수학의 기초 실력인 연산력+계산력이 쑥쑥 향상됩니다.

2주 완성

1주

1일	2일	3일	4일	5일
1강의 1~8	2강의 1~8	3강의 1~8	4강의 1~8	실력체크 중간 점검
✔	완료	완료	완료	완료

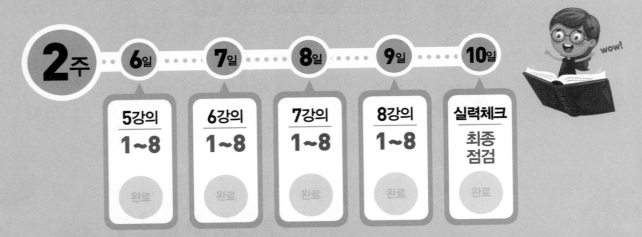

2주

6일	7일	8일	9일	10일
5강의 1~8	6강의 1~8	7강의 1~8	8강의 1~8	실력체크 최종 점검
완료	완료	완료	완료	완료

wow!

4주 완성

1주
1일 · 2일 · 3일 · 4일 · 5일

1강의 1~4	1강의 5~8	2강의 1~4	2강의 5~8	3강의 1~4
완료	완료	완료	완료	완료

2주
6일 · 7일 · 8일 · 9일 · 10일

3강의 5~8	4강의 1~4	4강의 5~8	실력체크 중간 점검 1~2	실력체크 중간 점검 3~4
완료	완료	완료	완료	완료

3주
11일 · 12일 · 13일 · 14일 · 15일

5강의 1~4	5강의 5~8	6강의 1~4	6강의 5~8	7강의 1~4
완료	완료	완료	완료	완료

4주
16일 · 17일 · 18일 · 19일 · 20일

7강의 5~8	8강의 1~4	8강의 5~8	실력체크 최종 점검 5~6	실력체크 최종 점검 7~8
완료	완료	완료	완료	완료

한 권으로 계산 끝 학습계획표

8주 완성

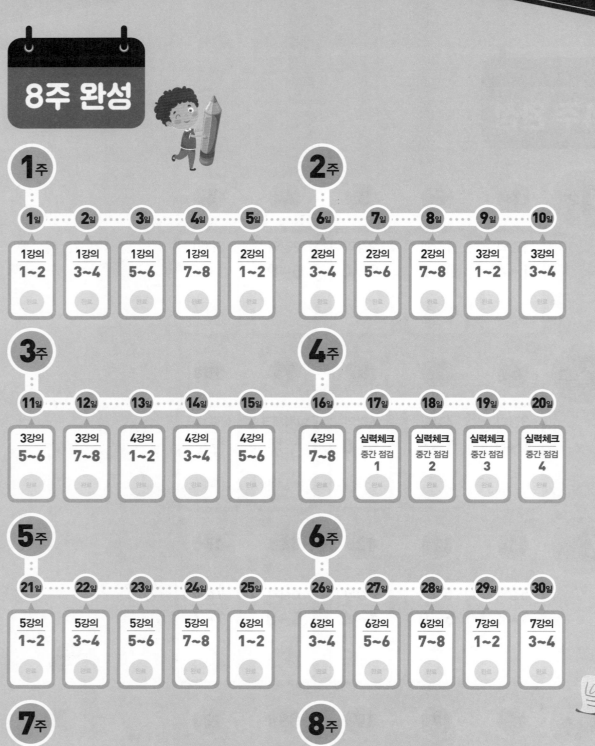

1주

1일	2일	3일	4일	5일	6일	7일	8일	9일	10일
1강의 1~2	1강의 3~4	1강의 5~6	1강의 7~8	2강의 1~2	2강의 3~4	2강의 5~6	2강의 7~8	3강의 1~2	3강의 3~4
완료	완료	완료	완료	완료	완료	완료	완료	완료	완료

2주 (6일)

3주

11일	12일	13일	14일	15일	16일	17일	18일	19일	20일
3강의 5~6	3강의 7~8	4강의 1~2	4강의 3~4	4강의 5~6	4강의 7~8	실력체크 중간 점검 1	실력체크 중간 점검 2	실력체크 중간 점검 3	실력체크 중간 점검 4
완료	완료	완료	완료	완료	완료	완료	완료	완료	완료

4주 (16일)

5주

21일	22일	23일	24일	25일	26일	27일	28일	29일	30일
5강의 1~2	5강의 3~4	5강의 5~6	5강의 7~8	6강의 1~2	6강의 3~4	6강의 5~6	6강의 7~8	7강의 1~2	7강의 3~4
완료	완료	완료	완료	완료	완료	완료	완료	완료	완료

6주 (26일)

7주

31일	32일	33일	34일	35일	36일	37일	38일	39일	40일
7강의 5~6	7강의 7~8	8강의 1~2	8강의 3~4	8강의 5~6	8강의 7~8	실력체크 최종 점검 5	실력체크 최종 점검 6	실력체크 최종 점검 7	실력체크 최종 점검 8
완료	완료	완료	완료	완료	완료	완료	완료	완료	완료

8주 (36일)

자연수의 덧셈과 뺄셈
기본

1 학년 과정

무료 동영상 강의로
개념을 쉽게 배워보세요!

9까지의 수 가르기와 모으기

9까지의 수 가르기

하나의 수를 다른 두 수로 가르는 것을 '수 가르기'라고 해요.
예를 들어 4는 1과 3, 2와 2, 3과 1의 3가지 방법으로 가를 수 있어요.

수 가르기

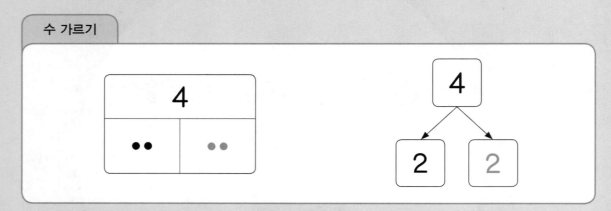

9까지의 수 모으기

두 수를 하나의 수로 모으는 것을 '수 모으기'라고 해요.
예를 들어 두 수 1과 2를 모으면 3이 되고, 2와 1을 모으면 3이 돼요.
3은 2가지 방법으로 모을 수 있어요.

수 모으기

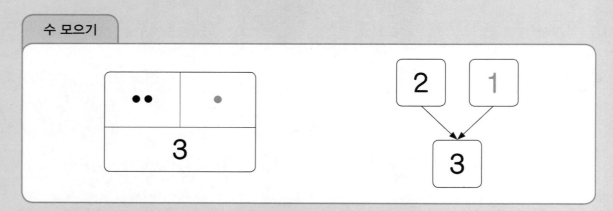

하나. 9까지의 수 가르기와 모으기를 공부합니다.

둘. 수 가르기와 모으기는 수 개념 확립에 중요한 역할을 하며 덧셈과 뺄셈의 기초가 되므로 충분히 훈련하도록 합니다.

🦛 빈 곳에 알맞은 수만큼 ●를 그리세요.

①
2 (••)
●	

⑥
3 (•••)
••	

⑪
3 (•••)
	●

②
4
	●

⑦
4
	•••

⑫
4
	••

③
5
	•••

⑧
5
●	

⑬
5
••••	

④
	••
3

⑨
●	
3

⑭
••	
4

⑤
•••	
4

⑩
	••
5

⑮
	●
5

빈 곳에 알맞은 수를 써넣으세요.

①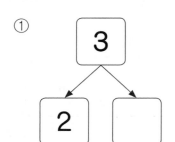

②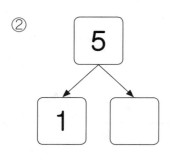

③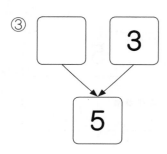

④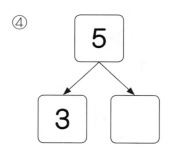

⑤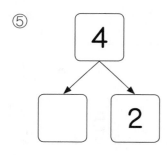

⑥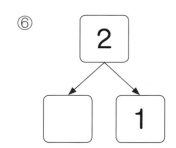

⑦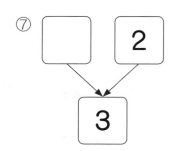

⑧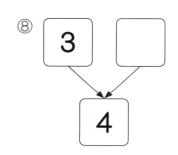

⑨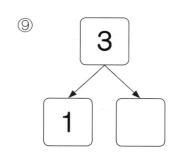

⑩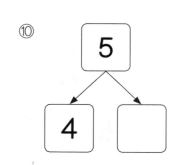

⑪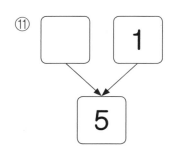

⑫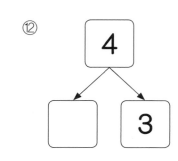

⑬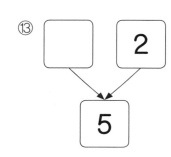

⑭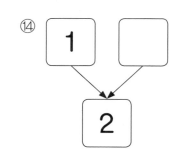

⑮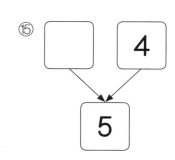

🐢 빈 곳에 알맞은 수만큼 ●를 그리세요.

①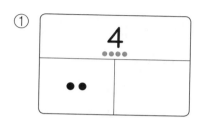

⑥

⑪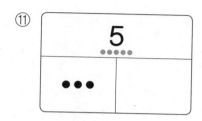

②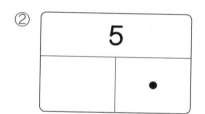

⑦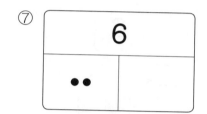

⑫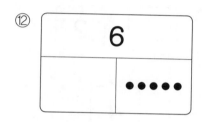

③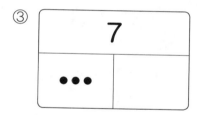

⑧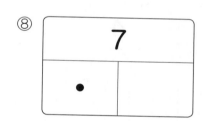

⑬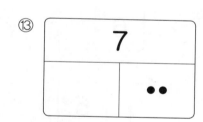

④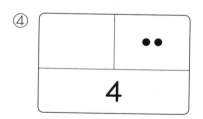

⑨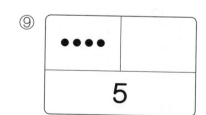

⑭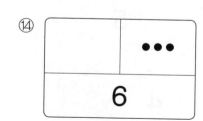

⑤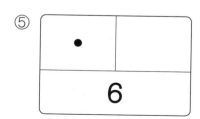

⑩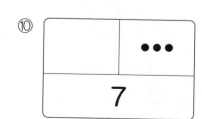

⑮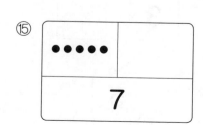

🦛 빈 곳에 알맞은 수를 써넣으세요.

①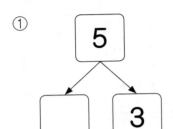

②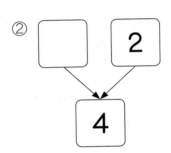

③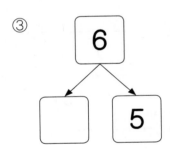

④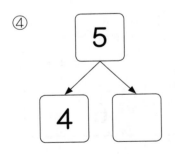

⑤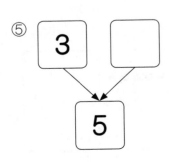

⑥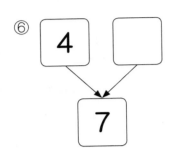

⑦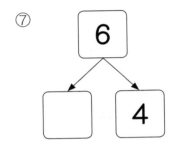

⑧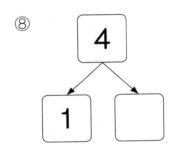

⑨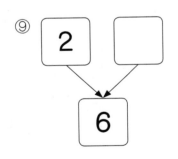

⑩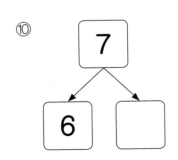

⑪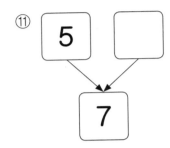

⑫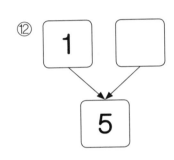

⑬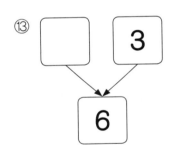

⑭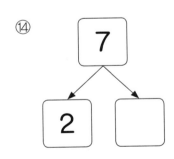

⑮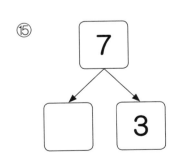

🦛 빈 곳에 알맞은 수만큼 ●를 그리세요.

①

⑥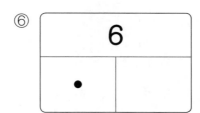

⑪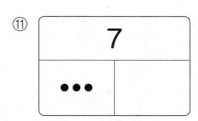

②

⑦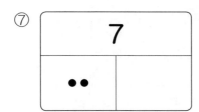

⑫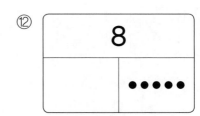

③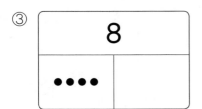

⑧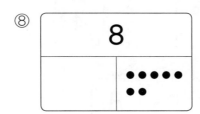

⑬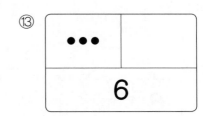

④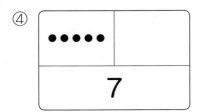

⑨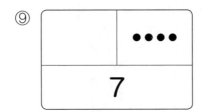

⑭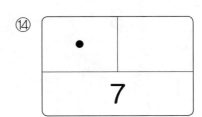

⑤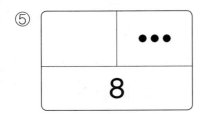

⑩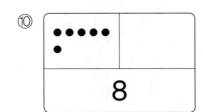

⑮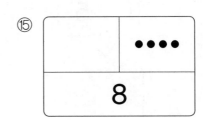

공부한 날 / 걸린 시간 분

맞힌 개수 /15

정답: p.2

빈 곳에 알맞은 수를 써넣으세요.

① 3 □ → 6

② 2 □ → 8

③ 7 → 6 □

④ 8 → 3 □

⑤ □ 5 → 7

⑥ 7 → □ 4

⑦ 6 → □ 5

⑧ □ 4 → 8

⑨ □ 1 → 6

⑩ 6 → 4 □

⑪ 6 □ → 8

⑫ 7 → 2 □

⑬ 8 → 5 □

⑭ 3 □ → 7

⑮ 8 → □ 1

빈 곳에 알맞은 수만큼 ●를 그리세요.

①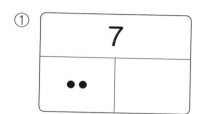

②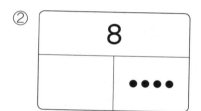

③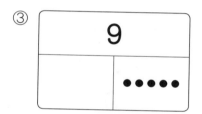

④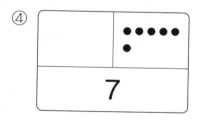

⑤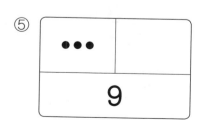

⑥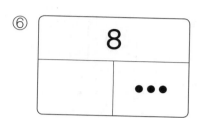

⑦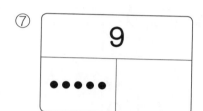

⑧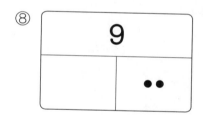

⑨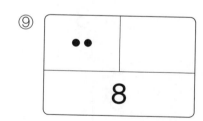

⑩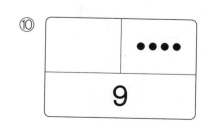

⑪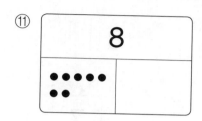

⑫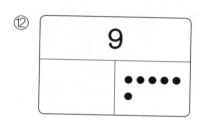

⑬

⑭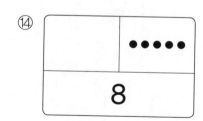

⑮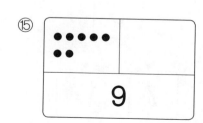

🦛 빈 곳에 알맞은 수를 써넣으세요.

①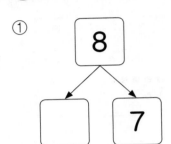

②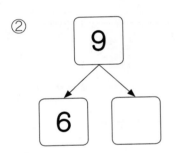

③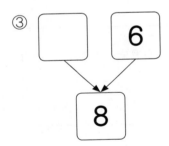

④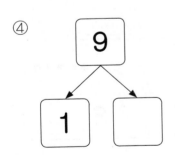

⑤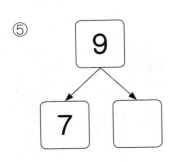

⑥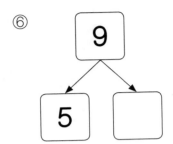

⑦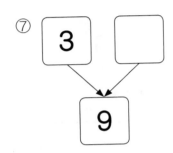

⑧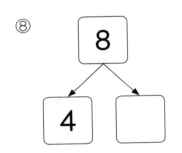

⑨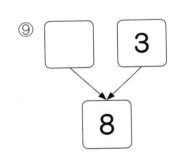

⑩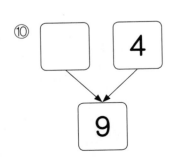

⑪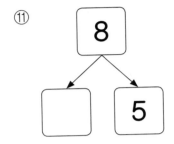

⑫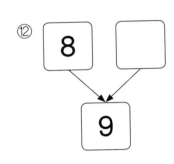

⑬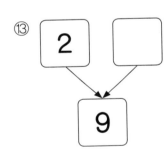

⑭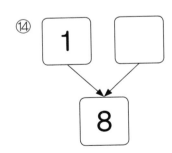

⑮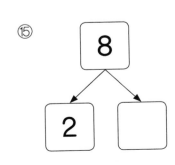

2 합이 9까지인 수의 덧셈

✏️ 합이 9까지인 수의 덧셈

검은 바둑돌 3개와 흰 바둑돌 2개가 있어요.
검은 바둑돌과 흰 바둑돌을 모으면 바둑돌은 모두 몇 개가 될까요?

검은 바둑돌 3개와 흰 바둑돌 2개를 모으면 바둑돌은 모두 5개가 돼요.

이처럼 두 수를 모으는 것을 '덧셈'이라 하고, 모은 결과를 '합'이라고 해요.
덧셈을 '+' 기호를 써서 식으로 나타낼 수 있어요.
그럼, 바둑돌이 모두 몇 개 있는지 덧셈식으로 나타내고 읽어 볼까요?

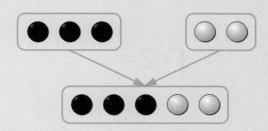

$$3+2=5$$

3 더하기 2는 5와 같습니다.
3과 2의 합은 5입니다.

덧셈표

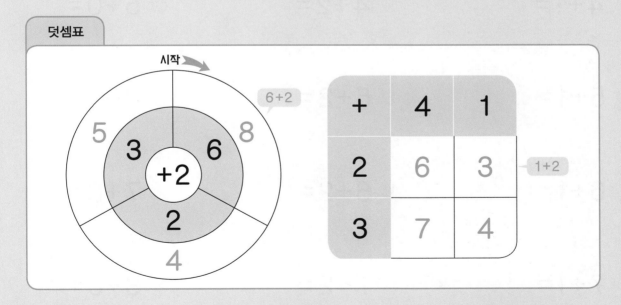

+	4	1
2	6	3
3	7	4

하나. 합이 9까지인 수의 덧셈을 공부합니다.
둘. 덧셈식을 읽을 때에는 실제로 소리를 내어 읽을 수 있도록 지도합니다.

덧셈을 하세요.

① 0+1=

② 1+1=

③ 2+1=

④ 3+1=

⑤ 4+1=

⑥ 5+1=

⑦ 6+1=

⑧ 7+1=

⑨ 8+1=

⑩ 0+2=

⑪ 1+2=

⑫ 2+2=

⑬ 3+2=

⑭ 4+2=

⑮ 5+2=

⑯ 6+2=

⑰ 7+2=

⑱ 0+0=

⑲ 1+0=

⑳ 2+0=

㉑ 3+0=

㉒ 4+0=

㉓ 5+0=

㉔ 6+0=

㉕ 7+0=

㉖ 8+0=

㉗ 9+0=

🐾 빈 곳에 알맞은 수를 써넣으세요.

① 시작 ➤ 2+1

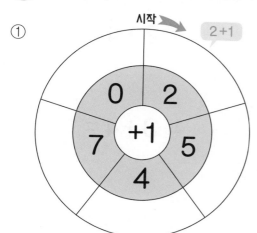

④ 시작 ➤ 6+1

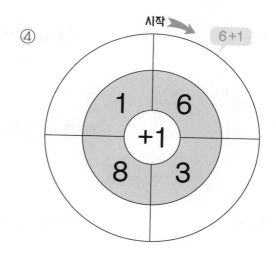

②

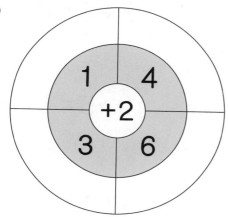

⑤

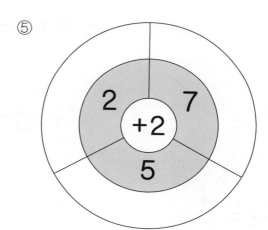

③

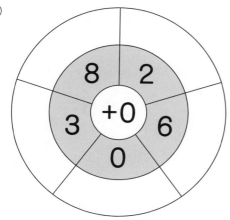

⑥

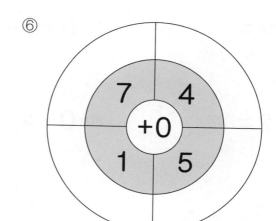

정답: p.3

공부한 날 /

걸린 시간 분

맞힌 개수 /27

🦛 덧셈을 하세요.

① $0+1=$

② $0+2=$

③ $1+2=$

④ $2+2=$

⑤ $3+2=$

⑥ $4+2=$

⑦ $5+2=$

⑧ $6+2=$

⑨ $7+2=$

⑩ $0+3=$

⑪ $1+3=$

⑫ $2+3=$

⑬ $3+3=$

⑭ $4+3=$

⑮ $5+3=$

⑯ $6+3=$

⑰ $0+4=$

⑱ $1+4=$

⑲ $2+4=$

⑳ $3+4=$

㉑ $4+4=$

㉒ $5+4=$

㉓ $0+5=$

㉔ $1+5=$

㉕ $2+5=$

㉖ $3+5=$

㉗ $4+5=$

4 합이 9까지인 수의 덧셈

정답: p.3

🐸 빈 곳에 알맞은 수를 써넣으세요.

① 시작 1+1

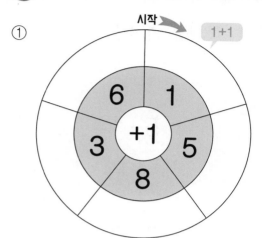

④ 시작 5+4

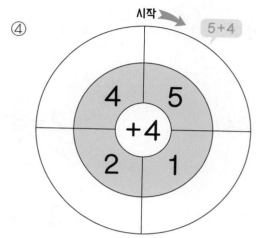

②

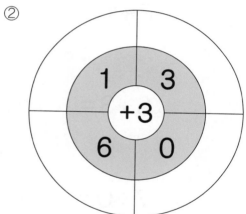

⑤

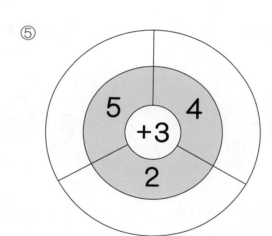

③

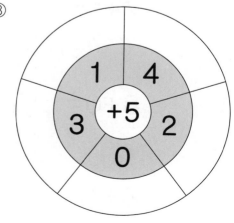

⑥

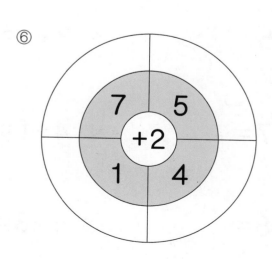

🦛 덧셈을 하세요.

① 0+3 =

② 0+5 =

③ 0+9 =

④ 1+0 =

⑤ 1+1 =

⑥ 1+3 =

⑦ 1+5 =

⑧ 1+7 =

⑨ 1+8 =

⑩ 2+1 =

⑪ 2+3 =

⑫ 2+5 =

⑬ 2+7 =

⑭ 3+1 =

⑮ 3+3 =

⑯ 3+5 =

⑰ 4+1 =

⑱ 4+3 =

⑲ 4+5 =

⑳ 5+1 =

㉑ 5+3 =

㉒ 6+1 =

㉓ 6+3 =

㉔ 7+0 =

㉕ 7+1 =

㉖ 8+0 =

㉗ 8+1 =

공부한 날

걸린 시간

/

분

정답: p.3

맞힌 개수

/6

빈 곳에 알맞은 수를 써넣으세요.

①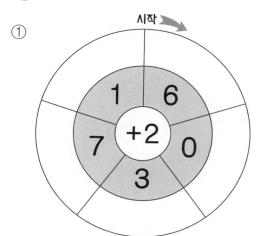

④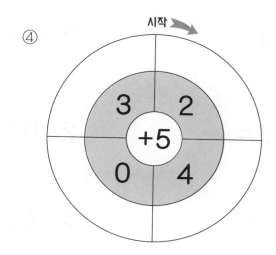

②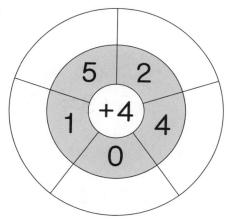

⑤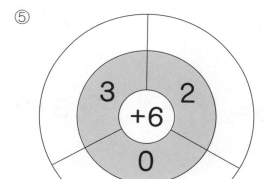

③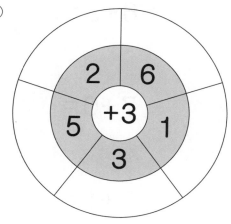

⑥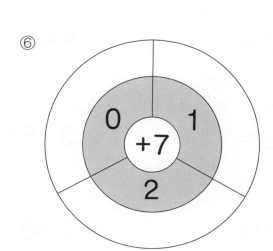

7 합이 9까지인 수의 덧셈

공부한 날
/

걸린 시간
분

맞힌 개수
/27

정답: p.3

덧셈을 하세요.

① $0+4=$

② $0+6=$

③ $1+3=$

④ $1+4=$

⑤ $1+5=$

⑥ $1+6=$

⑦ $1+7=$

⑧ $1+8=$

⑨ $2+3=$

⑩ $2+4=$

⑪ $2+5=$

⑫ $2+6=$

⑬ $2+7=$

⑭ $3+0=$

⑮ $3+3=$

⑯ $3+4=$

⑰ $3+5=$

⑱ $3+6=$

⑲ $4+3=$

⑳ $4+4=$

㉑ $4+5=$

㉒ $5+0=$

㉓ $5+3=$

㉔ $5+4=$

㉕ $6+3=$

㉖ $7+0=$

㉗ $8+1=$

빈 곳에 알맞은 수를 써넣으세요.

① 시작 ➤

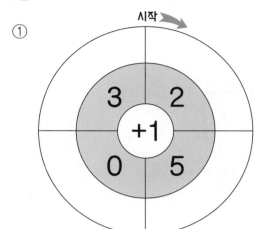

④ 시작 ➤

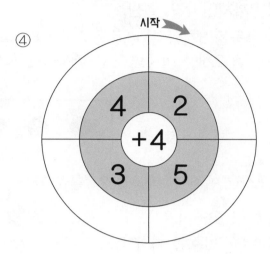

②

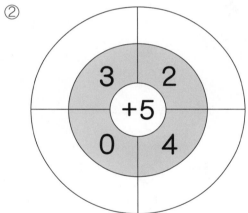

⑤

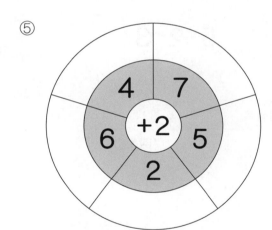

③

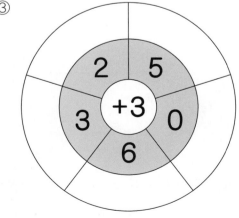

⑥

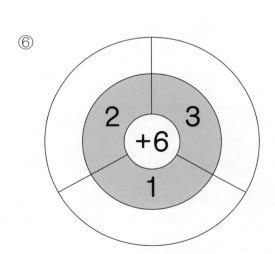

차가 9까지인 수의 뺄셈

✏️ 차가 9까지인 수의 뺄셈

검은 바둑돌 3개와 흰 바둑돌 2개가 있어요.
흰 바둑돌 2개를 꺼내면 남은 바둑돌은 모두 몇 개가 될까요?

바둑돌 5개에서 흰 바둑돌 2개를 꺼내면 검은 바둑돌 3개가 남아요.

이처럼 큰 수에서 작은 수를 빼는 것을 '뺄셈'이라 하고 뺀 결과를 '차'라고 해요.

뺄셈은 '➖' 기호를 써서 식으로 나타낼 수 있어요.

그럼, 남은 바둑돌이 모두 몇 개 있는지 뺄셈식으로 나타내고 읽어 볼까요?

$$5-2=3$$

5 빼기 2는 3과 같습니다.

5와 2의 차는 3입니다.

뺄셈표

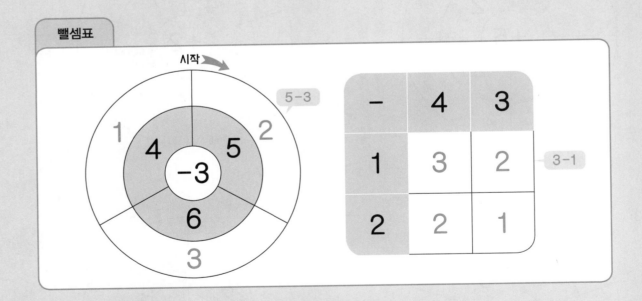

하나. 차가 9까지인 수의 뺄셈을 공부합니다.

둘. 어떤 수에서 전체를 빼면 0이 되고 어떤 수에서 0을 빼면 결과가 변하지 않음을 알게 합니다.

차가 9까지인 수의 뺄셈

정답: p.4

공부한 날 / 걸린 시간 분 맞힌 개수 /27

🦫 뺄셈을 하세요.

① $1-1=$

② $2-1=$

③ $3-1=$

④ $4-1=$

⑤ $5-1=$

⑥ $6-1=$

⑦ $7-1=$

⑧ $8-1=$

⑨ $9-1=$

⑩ $2-2=$

⑪ $3-2=$

⑫ $4-2=$

⑬ $5-2=$

⑭ $6-2=$

⑮ $7-2=$

⑯ $8-2=$

⑰ $9-2=$

⑱ $0-0=$

⑲ $1-0=$

⑳ $2-0=$

㉑ $3-0=$

㉒ $4-0=$

㉓ $5-0=$

㉔ $6-0=$

㉕ $7-0=$

㉖ $8-0=$

㉗ $9-0=$

🦛 빈 곳에 알맞은 수를 써넣으세요.

① 시작 ➔ 8-1

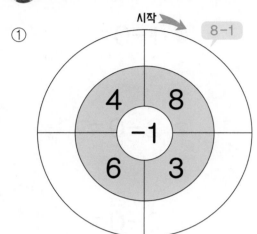

④ 시작 ➔ 7-1

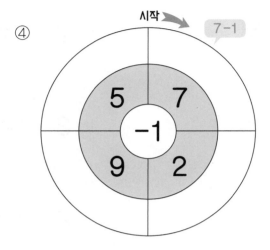

②

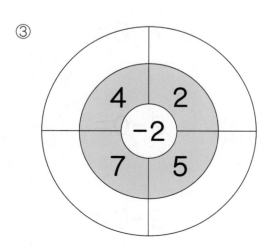

⑤

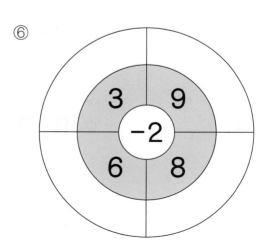

③

⑥

3 차가 9까지인 수의 뺄셈

공부한 날

/

걸린 시간

분

맞힌 개수

/27

정답: p.4

🐸 뺄셈을 하세요.

① $1-1=$

② $2-2=$

③ $3-2=$

④ $4-2=$

⑤ $5-2=$

⑥ $6-2=$

⑦ $7-2=$

⑧ $8-2=$

⑨ $9-2=$

⑩ $3-3=$

⑪ $4-3=$

⑫ $5-3=$

⑬ $6-3=$

⑭ $7-3=$

⑮ $8-3=$

⑯ $9-3=$

⑰ $4-4=$

⑱ $5-4=$

⑲ $6-4=$

⑳ $7-4=$

㉑ $8-4=$

㉒ $9-4=$

㉓ $5-5=$

㉔ $6-5=$

㉕ $7-5=$

㉖ $8-5=$

㉗ $9-5=$

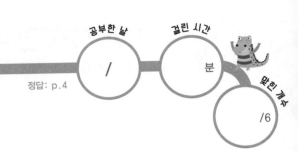
🦫 빈 곳에 알맞은 수를 써넣으세요.

①
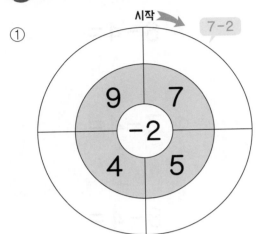

④
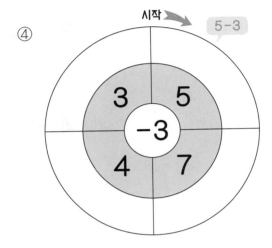

②

⑤
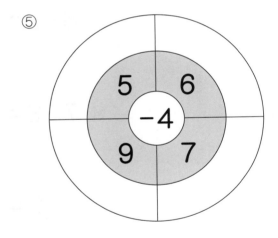

③

⑥
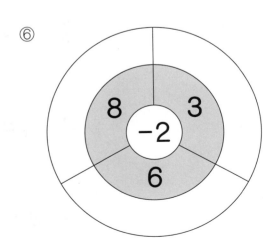

5 차가 9까지인 수의 뺄셈

공부한 날
/

걸린 시간
분

맞힌 개수
/27

정답: p.4

 뺄셈을 하세요.

① 1-1=

② 2-1=

③ 3-1=

④ 3-3=

⑤ 4-1=

⑥ 4-3=

⑦ 5-1=

⑧ 5-3=

⑨ 5-5=

⑩ 6-1=

⑪ 6-3=

⑫ 6-5=

⑬ 7-0=

⑭ 7-1=

⑮ 7-3=

⑯ 7-5=

⑰ 8-0=

⑱ 8-1=

⑲ 8-3=

⑳ 8-5=

㉑ 8-7=

㉒ 9-1=

㉓ 9-3=

㉔ 9-5=

㉕ 9-7=

㉖ 9-8=

㉗ 9-9=

빈 곳에 알맞은 수를 써넣으세요.

①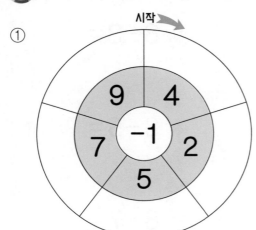

②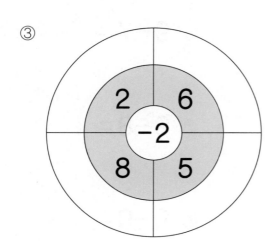

③

④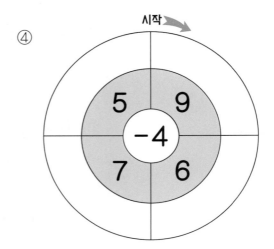

⑤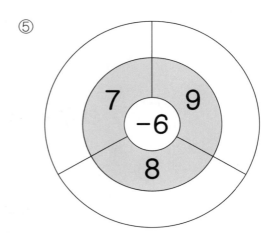

⑥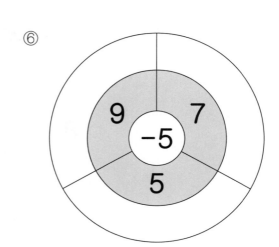

7 차가 9까지인 수의 뺄셈

공부한 날
/
걸린 시간
분
맞힌 개수
/27

정답: p.4

🐹 뺄셈을 하세요.

① $4-2=$

② $4-3=$

③ $5-2=$

④ $5-3=$

⑤ $5-4=$

⑥ $6-2=$

⑦ $6-3=$

⑧ $6-4=$

⑨ $6-5=$

⑩ $7-2=$

⑪ $7-3=$

⑫ $7-4=$

⑬ $7-5=$

⑭ $7-6=$

⑮ $8-2=$

⑯ $8-3=$

⑰ $8-4=$

⑱ $8-5=$

⑲ $8-6=$

⑳ $8-7=$

㉑ $9-2=$

㉒ $9-3=$

㉓ $9-4=$

㉔ $9-5=$

㉕ $9-6=$

㉖ $9-7=$

㉗ $9-8=$

공부한 날
/

걸린 시간
분

맞힌 개수
/6

정답: p.4

🦫 빈 곳에 알맞은 수를 써넣으세요.

① 시작 ➤
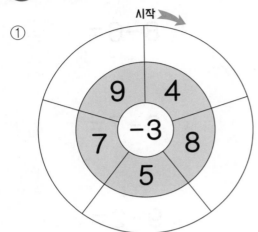

④ 시작 ➤
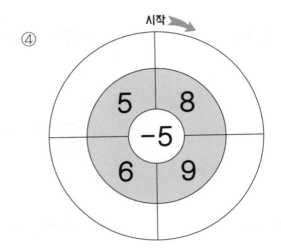

②
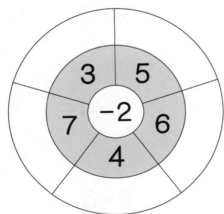

⑤
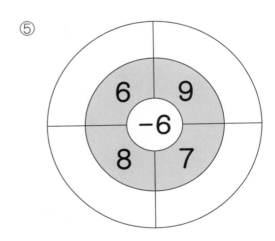

③
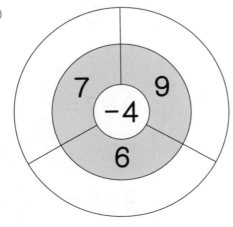

⑥
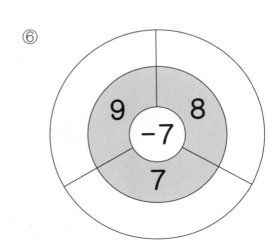

덧셈과 뺄셈의 관계

✏️ 덧셈식을 보고 뺄셈식 만들기

바둑돌은 모두 몇 개인지 덧셈식으로 나타내면 2+3=5예요.
흰 바둑돌은 몇 개인지 뺄셈식으로 나타내면 5-2=3이에요.
검은 바둑돌은 몇 개인지 뺄셈식으로 나타내면 5-3=2예요.

덧셈식을 보고 뺄셈식 만들기

$$2+3= \boxed{5} \begin{cases} 5-2= \boxed{3} \\ 5-3= \boxed{2} \end{cases}$$

✏️ 뺄셈식을 보고 덧셈식 만들기

검은 바둑돌이 몇 개인지 뺄셈식으로 나타내면 6-2=4예요.
처음에 있던 바둑돌이 몇 개인지 덧셈식으로 나타내면
4+2=6, 2+4=6이에요.

뺄셈식을 보고 덧셈식 만들기

$$6-2= \boxed{4} \begin{cases} 4+2= \boxed{6} \\ 2+4= \boxed{6} \end{cases}$$

학습
포인트

하나. 덧셈과 뺄셈의 관계를 공부합니다.
둘.   덧셈과 뺄셈이 반대되는 상황임을 이해하고 덧셈과 뺄셈의 관계를 알게 합니다.

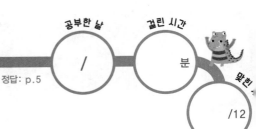

□ 안에 알맞은 수를 써넣으세요.

① $1+2=\boxed{}$ $3-2=\boxed{}$
            $3-1=\boxed{}$

⑦ $4-1=\boxed{}$ $3+1=\boxed{}$
            $1+3=\boxed{}$

② $2+4=\boxed{}$ $6-4=\boxed{}$
            $6-2=\boxed{}$

⑧ $5-3=\boxed{}$ $2+3=\boxed{}$
            $3+2=\boxed{}$

③ $3+6=\boxed{}$ $9-6=\boxed{}$
            $9-3=\boxed{}$

⑨ $7-2=\boxed{}$ $5+2=\boxed{}$
            $2+5=\boxed{}$

④ $4+1=\boxed{}$ $5-1=\boxed{}$
            $5-4=\boxed{}$

⑩ $7-4=\boxed{}$ $3+4=\boxed{}$
            $4+3=\boxed{}$

⑤ $5+3=\boxed{}$ $8-3=\boxed{}$
            $8-5=\boxed{}$

⑪ $8-1=\boxed{}$ $7+1=\boxed{}$
            $1+7=\boxed{}$

⑥ $6+2=\boxed{}$ $8-2=\boxed{}$
            $8-6=\boxed{}$

⑫ $9-4=\boxed{}$ $5+4=\boxed{}$
            $4+5=\boxed{}$

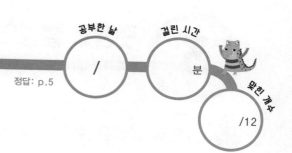

□ 안에 알맞은 수를 써넣으세요.

① $1+3=\boxed{}$ < $4-3=\boxed{}$
$4-1=\boxed{}$

⑦ $5-4=\boxed{}$ < $\boxed{}+4=5$
$\boxed{}+1=5$

② $1+7=\boxed{}$ < $8-\boxed{}=1$
$8-\boxed{}=7$

⑧ $5-2=\boxed{}$ < $3+2=\boxed{}$
$2+3=\boxed{}$

③ $3+4=\boxed{}$ < $\boxed{}-4=3$
$\boxed{}-3=4$

⑨ $3-1=\boxed{}$ < $2+\boxed{}=3$
$1+\boxed{}=3$

④ $4+2=\boxed{}$ < $6-2=\boxed{}$
$6-4=\boxed{}$

⑩ $8-2=\boxed{}$ < $6+2=\boxed{}$
$2+6=\boxed{}$

⑤ $6+3=\boxed{}$ < $\boxed{}-3=6$
$\boxed{}-6=3$

⑪ $7-1=\boxed{}$ < $\boxed{}+1=7$
$\boxed{}+6=7$

⑥ $5+1=\boxed{}$ < $6-\boxed{}=5$
$6-\boxed{}=1$

⑫ $8-5=\boxed{}$ < $3+\boxed{}=8$
$5+\boxed{}=8$

3 덧셈과 뺄셈의 관계

공부한 날
/

걸린 시간
분

정답: p.5

맞힌 개수
/12

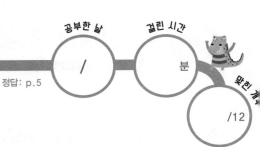

🐊 □ 안에 알맞은 수를 써넣으세요.

① $1+5=\boxed{}$ ⟨ $6-5=\boxed{}$
    $6-1=\boxed{}$

⑦ $4-3=\boxed{}$ ⟨ $1+3=\boxed{}$
    $3+1=\boxed{}$

② $1+8=\boxed{}$ ⟨ $9-8=\boxed{}$
    $9-1=\boxed{}$

⑧ $5-1=\boxed{}$ ⟨ $4+1=\boxed{}$
    $1+4=\boxed{}$

③ $2+6=\boxed{}$ ⟨ $8-6=\boxed{}$
    $8-2=\boxed{}$

⑨ $6-4=\boxed{}$ ⟨ $2+4=\boxed{}$
    $4+2=\boxed{}$

④ $5+2=\boxed{}$ ⟨ $7-2=\boxed{}$
    $7-5=\boxed{}$

⑩ $7-3=\boxed{}$ ⟨ $4+3=\boxed{}$
    $3+4=\boxed{}$

⑤ $6+1=\boxed{}$ ⟨ $7-1=\boxed{}$
    $7-6=\boxed{}$

⑪ $9-1=\boxed{}$ ⟨ $8+1=\boxed{}$
    $1+8=\boxed{}$

⑥ $7+2=\boxed{}$ ⟨ $9-2=\boxed{}$
    $9-7=\boxed{}$

⑫ $9-5=\boxed{}$ ⟨ $4+5=\boxed{}$
    $5+4=\boxed{}$

4 덧셈과 뺄셈의 관계

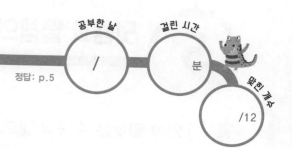

정답: p.5

□ 안에 알맞은 수를 써넣으세요.

① 1+4=□ ⟨ □-4=1 / □-1=4

② 3+2=□ ⟨ 5-□=3 / 5-□=2

③ 2+1=□ ⟨ 3-1=□ / 3-2=□

④ 7+1=□ ⟨ □-1=7 / □-7=1

⑤ 4+3=□ ⟨ 7-3=□ / 7-4=□

⑥ 6+2=□ ⟨ 8-□=6 / 8-□=2

⑦ 6-2=□ ⟨ 4+□=6 / 2+□=6

⑧ 7-6=□ ⟨ 1+6=□ / 6+1=□

⑨ 9-2=□ ⟨ 7+□=9 / 2+□=9

⑩ 8-3=□ ⟨ □+3=8 / □+5=8

⑪ 6-5=□ ⟨ 1+5=□ / 5+1=□

⑫ 9-6=□ ⟨ □+6=9 / □+3=9

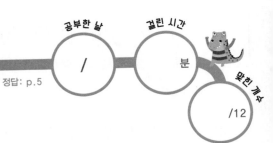

□ 안에 알맞은 수를 써넣으세요.

① $1+6=\square$
　$7-6=\square$
　$7-1=\square$

⑦ $2+3=\square$
　$5-3=\square$
　$5-2=\square$

② $2+7=\square$
　$9-7=\square$
　$9-2=\square$

⑧ $3+5=\square$
　$8-5=\square$
　$8-3=\square$

③ $5+4=\square$
　$9-4=\square$
　$9-5=\square$

⑨ $8+1=\square$
　$9-1=\square$
　$9-8=\square$

④ $3-2=\square$
　$1+2=\square$
　$2+1=\square$

⑩ $4-1=\square$
　$3+1=\square$
　$1+3=\square$

⑤ $7-4=\square$
　$3+4=\square$
　$4+3=\square$

⑪ $8-6=\square$
　$2+6=\square$
　$6+2=\square$

⑥ $8-7=\square$
　$1+7=\square$
　$7+1=\square$

⑫ $9-3=\square$
　$6+3=\square$
　$3+6=\square$

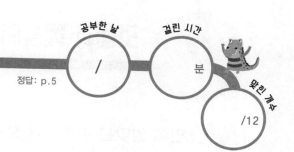

□ 안에 알맞은 수를 써넣으세요.

① 1+8=□   9−8=□
          9−1=□

⑦ 3−1=□   □+1=3
          1+□=3

② 2+5=□   7−□=2
          7−□=5

⑧ 8−5=□   □+5=8
          □+3=8

③ 3+1=□   4−3=□
          4−1=□

⑨ 5−2=□   3+2=□
          2+3=□

④ 4+5=□   □−5=4
          9−□=5

⑩ 9−7=□   2+□=9
          7+□=9

⑤ 6+3=□   □−3=6
          □−6=3

⑪ 8−2=□   6+2=□
          2+6=□

⑥ 7+1=□   8−□=7
          □−7=1

⑫ 7−3=□   4+□=7
          □+4=7

정답: p.5

🦛 □ 안에 알맞은 수를 써넣으세요.

① $1+7=$ □ ⟨ $8-7=$ □ $8-1=$ □

② $3+4=$ □ ⟨ $7-4=$ □ $7-3=$ □

③ $6+1=$ □ ⟨ $7-1=$ □ $7-6=$ □

④ $5-4=$ □ ⟨ $1+4=$ □ $4+1=$ □

⑤ $7-2=$ □ ⟨ $5+2=$ □ $2+5=$ □

⑥ $8-6=$ □ ⟨ $2+6=$ □ $6+2=$ □

⑦ $2+6=$ □ ⟨ $8-6=$ □ $8-2=$ □

⑧ $5+3=$ □ ⟨ $8-3=$ □ $8-5=$ □

⑨ $7+2=$ □ ⟨ $9-2=$ □ $9-7=$ □

⑩ $6-4=$ □ ⟨ $2+4=$ □ $4+2=$ □

⑪ $8-1=$ □ ⟨ $1+7=$ □ $7+1=$ □

⑫ $9-5=$ □ ⟨ $4+5=$ □ $5+4=$ □

8 덧셈과 뺄셈의 관계

공부한 날
걸린 시간

/
분

정답: p.5

맞힌 개수
/12

□ 안에 알맞은 수를 써넣으세요.

① $1+6=$ □ ⟨ $□-6=1$
$□-1=6$

② $3+5=$ □ ⟨ $8-□=3$
$8-□=5$

③ $5+2=$ □ ⟨ $7-2=$ □
$7-5=$ □

④ $2+4=$ □ ⟨ $6-□=2$
$6-2=$ □

⑤ $4+1=$ □ ⟨ $□-1=4$
$□-4=1$

⑥ $8+1=$ □ ⟨ $9-1=$ □
$9-□=1$

⑦ $6-1=$ □ ⟨ $5+□=6$
$1+5=$ □

⑧ $5-3=$ □ ⟨ $2+3=$ □
$3+2=$ □

⑨ $8-7=$ □ ⟨ $□+7=8$
$□+1=8$

⑩ $4-3=$ □ ⟨ $1+3=$ □
$3+1=$ □

⑪ $9-4=$ □ ⟨ $5+4=$ □
$4+□=9$

⑫ $9-6=$ □ ⟨ $3+□=9$
$6+□=9$

실력 체크

중간 점검

1-A 9까지의 수 가르기와 모으기

공부한 날	월	일
걸린 시간	분	초
맞힌 개수		/15

정답: p.6

 빈 곳에 알맞은 수만큼 ●를 그리세요.

①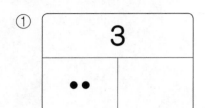

⑥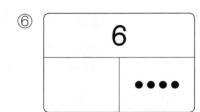

⑪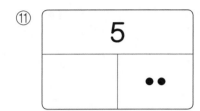

②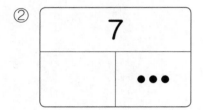

⑦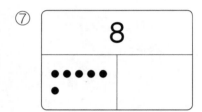

⑫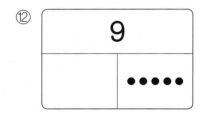

③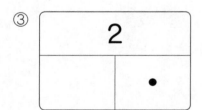

⑧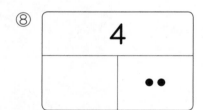

⑬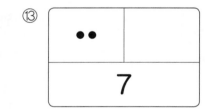

④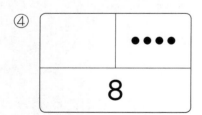

⑨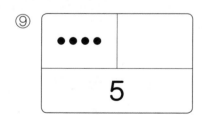

⑭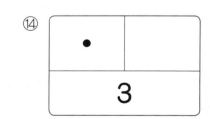

⑤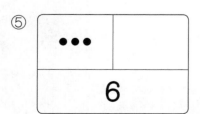

⑩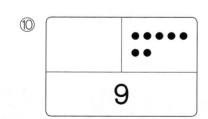

⑮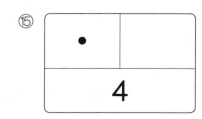

9까지의 수 가르기와 모으기

정답: p.6

 빈 곳에 알맞은 수를 써넣으세요.

①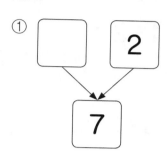

⑤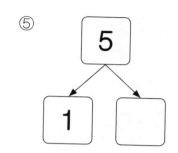

⑨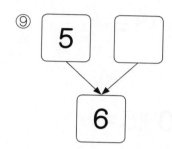

②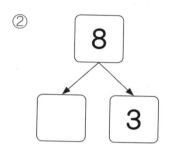

⑥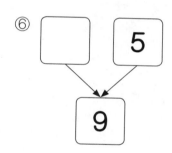

⑩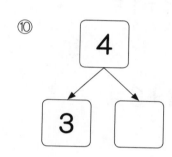

③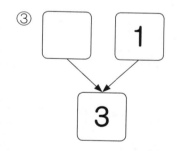

⑦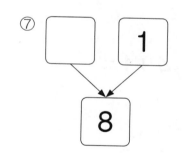

⑪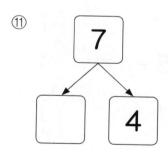

④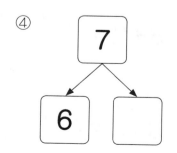

⑧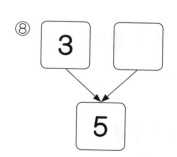

⑫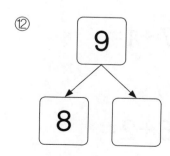

실력 체크

2-A 합이 9까지인 수의 덧셈

공부한 날	월	일
걸린 시간	분	초
맞힌 개수		/27

정답: p.6

덧셈을 하세요.

① 1+1=

② 0+5=

③ 3+1=

④ 1+6=

⑤ 7+2=

⑥ 5+4=

⑦ 4+2=

⑧ 7+1=

⑨ 6+2=

⑩ 2+7=

⑪ 9+0=

⑫ 3+4=

⑬ 2+1=

⑭ 2+6=

⑮ 4+1=

⑯ 5+2=

⑰ 4+4=

⑱ 2+4=

⑲ 1+2=

⑳ 3+6=

㉑ 6+1=

㉒ 2+3=

㉓ 1+4=

㉔ 1+7=

㉕ 8+1=

㉖ 3+2=

㉗ 6+0=

2-B 합이 9까지인 수의 덧셈

공부한 날	월	일
걸린 시간	분	초
맞힌 개수		/30

정답: p.6

🦫 빈 곳에 알맞은 수를 써넣으세요.

+	4	1	2	0	3
5					
3					
1					
0					
2					
4					

3+5

3-A 차가 9까지인 수의 뺄셈

공부한 날	월	일
걸린 시간	분	초
맞힌 개수		/27

정답: p.7

🦛 뺄셈을 하세요.

① 9-2 =

② 4-3 =

③ 9-5 =

④ 8-1 =

⑤ 9-9 =

⑥ 6-0 =

⑦ 4-1 =

⑧ 8-4 =

⑨ 5-5 =

⑩ 8-7 =

⑪ 9-6 =

⑫ 7-2 =

⑬ 2-0 =

⑭ 5-3 =

⑮ 7-6 =

⑯ 9-3 =

⑰ 5-1 =

⑱ 6-4 =

⑲ 6-2 =

⑳ 7-5 =

㉑ 8-6 =

㉒ 3-2 =

㉓ 7-1 =

㉔ 3-1 =

㉕ 8-3 =

㉖ 7-4 =

㉗ 1-1 =

3-B 차가 9까지인 수의 뺄셈

공부한 날	월	일
걸린 시간	분	초
맞힌 개수		/30

정답: p.7

빈 곳에 알맞은 수를 써넣으세요.

−	5	7	6	9	8
5					
0					
1					
4					
2					
3					

8−5

실력 체크

4-A 덧셈과 뺄셈의 관계

공부한 날	월	일
걸린 시간	분	초
맞힌 개수		/12

정답: p.7

 □ 안에 알맞은 수를 써넣으세요.

① $1+3=$ ☐ $\begin{cases} 4-3= \boxed{} \\ 4-1= \boxed{} \end{cases}$

② $2+5=$ ☐ $\begin{cases} 7-5= \boxed{} \\ 7-2= \boxed{} \end{cases}$

③ $4+1=$ ☐ $\begin{cases} 5-1= \boxed{} \\ 5-4= \boxed{} \end{cases}$

④ $6+2=$ ☐ $\begin{cases} 8-2= \boxed{} \\ 8-6= \boxed{} \end{cases}$

⑤ $7+1=$ ☐ $\begin{cases} 8-1= \boxed{} \\ 8-7= \boxed{} \end{cases}$

⑥ $3+6=$ ☐ $\begin{cases} 9-6= \boxed{} \\ 9-3= \boxed{} \end{cases}$

⑦ $6-5=$ ☐ $\begin{cases} 1+5= \boxed{} \\ 5+1= \boxed{} \end{cases}$

⑧ $7-3=$ ☐ $\begin{cases} 4+3= \boxed{} \\ 3+4= \boxed{} \end{cases}$

⑨ $9-2=$ ☐ $\begin{cases} 7+2= \boxed{} \\ 2+7= \boxed{} \end{cases}$

⑩ $7-1=$ ☐ $\begin{cases} 6+1= \boxed{} \\ 1+6= \boxed{} \end{cases}$

⑪ $9-8=$ ☐ $\begin{cases} 1+8= \boxed{} \\ 8+1= \boxed{} \end{cases}$

⑫ $9-5=$ ☐ $\begin{cases} 4+5= \boxed{} \\ 5+4= \boxed{} \end{cases}$

실력 체크

4-B 덧셈과 뺄셈의 관계

공부한 날	월	일
걸린 시간	분	초
맞힌 개수		/10

정답: p.7

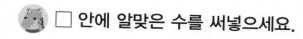 □ 안에 알맞은 수를 써넣으세요.

① 1+2 =□   □-2=1
            □-1=2

⑥ 8-6 =□   2+6 =□
            6+□=8

② 4+3 =□   7-□=4
            □-4=3

⑦ 7-5 =□   □+5=7
            □+2=7

③ 7+2 =□   9-□=7
            9-□=2

⑧ 9-3 =□   6+□=9
            3+□=9

④ 3+5 =□   8-5 =□
            8-3 =□

⑨ 5-1 =□   □+1=5
            1+□=5

⑤ 5+4 =□   □-4=5
            9-□=4

⑩ 9-7 =□   2+7 =□
            7+2 =□

두 수를 바꾸어 더하기

✏ 두 수를 바꾸어 더하기

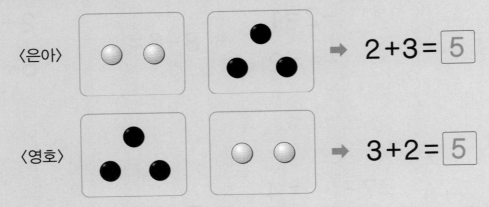

〈은아〉 → 2+3 = 5

〈영호〉 → 3+2 = 5

은아가 가지고 있는 바둑돌을 더하면 2+3=5로 모두 5개예요.
영호가 가지고 있는 바둑돌을 더하면 3+2=5로 모두 5개예요.
은아와 영호가 가지고 있는 바둑돌의 개수는 5개로 같아요.
이렇게 덧셈에서는 두 수를 바꾸어 더해도 그 합은 같아요.

두 수를 바꾸어 더하기

2+3 = 5

3+2 = 5

두 수를 바꾸어 □ 안의 수 구하기

2+3 = 5

3 +2 = 5

학습
포인트

하나. 두 수를 바꾸어 더하기를 공부합니다.

둘. 덧셈에서는 두 수를 바꾸어 더해도 그 합이 같다는 것을 알게 합니다.

1 두 수를 바꾸어 더하기

공부한 날

걸린 시간

/

분

정답: p.8

맞힌 개수

/15

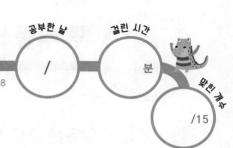

🦫 □ 안에 알맞은 수를 써넣으세요.

① 0+4 = □
4+0 = □

② 1+2 = □
2+1 = □

③ 1+3 = □
3+1 = □

④ 1+4 = □
4+1 = □

⑤ 1+5 = □
5+1 = □

⑥ 1+6 = □
6+1 = □

⑦ 1+7 = □
7+1 = □

⑧ 1+8 = □
8+1 = □

⑨ 2+3 = □
3+2 = □

⑩ 2+4 = □
4+2 = □

⑪ 2+5 = □
5+2 = □

⑫ 2+6 = □
6+2 = □

⑬ 3+4 = □
4+3 = □

⑭ 3+5 = □
5+3 = □

⑮ 3+6 = □
6+3 = □

🦫 □ 안에 알맞은 수를 써넣으세요.

① $1+8=$ □

□ $+1=9$

② $1+2=$ □

□ $+1=3$

③ $3+6=$ □

□ $+3=9$

④ $2+5=$ □

□ $+2=7$

⑤ $1+6=$ □

□ $+1=7$

⑥ $2+3=$ □

□ $+2=5$

⑦ $3+4=$ □

□ $+3=7$

⑧ $1+5=$ □

□ $+1=6$

⑨ $0+5=$ □

□ $+0=5$

⑩ $3+5=$ □

□ $+3=8$

⑪ $1+4=$ □

□ $+1=5$

⑫ $1+7=$ □

□ $+1=8$

⑬ $2+6=$ □

□ $+2=8$

⑭ $1+3=$ □

□ $+1=4$

⑮ $2+4=$ □

□ $+2=6$

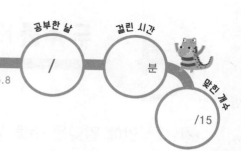

□ 안에 알맞은 수를 써넣으세요.

① 0+3=☐
3+0=☐

② 1+4=☐
4+1=☐

③ 1+5=☐
5+1=☐

④ 1+6=☐
6+1=☐

⑤ 1+7=☐
7+1=☐

⑥ 1+8=☐
8+1=☐

⑦ 2+3=☐
3+2=☐

⑧ 2+4=☐
4+2=☐

⑨ 2+5=☐
5+2=☐

⑩ 2+6=☐
6+2=☐

⑪ 2+7=☐
7+2=☐

⑫ 3+4=☐
4+3=☐

⑬ 3+5=☐
5+3=☐

⑭ 3+6=☐
6+3=☐

⑮ 4+5=☐
5+4=☐

두 수를 바꾸어 더하기

 □ 안에 알맞은 수를 써넣으세요.

① $1+4=\boxed{}$

$\boxed{}+1=5$

② $2+5=\boxed{}$

$\boxed{}+2=7$

③ $0+4=\boxed{}$

$\boxed{}+0=4$

④ $1+7=\boxed{}$

$\boxed{}+1=8$

⑤ $2+3=\boxed{}$

$\boxed{}+2=5$

⑥ $2+7=\boxed{}$

$\boxed{}+2=9$

⑦ $3+6=\boxed{}$

$\boxed{}+3=9$

⑧ $1+6=\boxed{}$

$\boxed{}+1=7$

⑨ $3+4=\boxed{}$

$\boxed{}+3=7$

⑩ $4+5=\boxed{}$

$\boxed{}+4=9$

⑪ $1+8=\boxed{}$

$\boxed{}+1=9$

⑫ $2+4=\boxed{}$

$\boxed{}+2=6$

⑬ $3+5=\boxed{}$

$\boxed{}+3=8$

⑭ $2+6=\boxed{}$

$\boxed{}+2=8$

⑮ $1+5=\boxed{}$

$\boxed{}+1=6$

5 두 수를 바꾸어 더하기

공부한 날

걸린 시간

/

분

맞힌 개수

/15

정답: p.8

□ 안에 알맞은 수를 써넣으세요.

① 2+1=□

1+2=□

② 4+2=□

2+4=□

③ 5+2=□

2+5=□

④ 6+0=□

0+6=□

⑤ 6+3=□

3+6=□

⑥ 3+2=□

2+3=□

⑦ 4+3=□

3+4=□

⑧ 5+3=□

3+5=□

⑨ 6+1=□

1+6=□

⑩ 7+1=□

1+7=□

⑪ 4+1=□

1+4=□

⑫ 5+1=□

1+5=□

⑬ 5+4=□

4+5=□

⑭ 6+2=□

2+6=□

⑮ 7+2=□

2+7=□

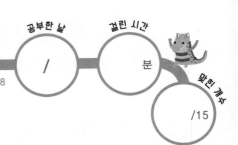
🐸 □ 안에 알맞은 수를 써넣으세요.

① $3+0=$ □

　$0+$ □ $=3$

② $5+2=$ □

　$2+$ □ $=7$

③ $2+1=$ □

　$1+$ □ $=3$

④ $5+$ □ $=9$

　$4+5=$ □

⑤ $4+$ □ $=7$

　$3+4=$ □

⑥ $4+1=$ □

　$1+$ □ $=5$

⑦ $6+3=$ □

　$3+$ □ $=9$

⑧ $7+2=$ □

　$2+$ □ $=9$

⑨ $6+$ □ $=8$

　$2+6=$ □

⑩ $6+$ □ $=7$

　$1+6=$ □

⑪ $5+3=$ □

　$3+$ □ $=8$

⑫ $7+1=$ □

　$1+$ □ $=8$

⑬ $4+2=$ □

　$2+$ □ $=6$

⑭ $5+$ □ $=6$

　$1+5=$ □

⑮ $3+$ □ $=5$

　$2+3=$ □

□ 안에 알맞은 수를 써넣으세요.

① $3+2=\square$

$2+3=\square$

② $4+3=\square$

$3+4=\square$

③ $5+3=\square$

$3+5=\square$

④ $6+2=\square$

$2+6=\square$

⑤ $7+1=\square$

$1+7=\square$

⑥ $4+1=\square$

$1+4=\square$

⑦ $5+1=\square$

$1+5=\square$

⑧ $5+4=\square$

$4+5=\square$

⑨ $6+3=\square$

$3+6=\square$

⑩ $7+2=\square$

$2+7=\square$

⑪ $4+2=\square$

$2+4=\square$

⑫ $5+2=\square$

$2+5=\square$

⑬ $6+1=\square$

$1+6=\square$

⑭ $7+0=\square$

$0+7=\square$

⑮ $8+1=\square$

$1+8=\square$

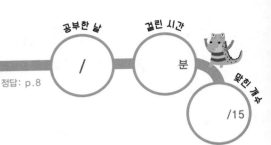
□ 안에 알맞은 수를 써넣으세요.

① $7 + \boxed{} = 8$

  $1 + 7 = \boxed{}$

② $4 + \boxed{} = 7$

  $3 + 4 = \boxed{}$

③ $3 + \boxed{} = 5$

  $2 + 3 = \boxed{}$

④ $6 + 0 = \boxed{}$

  $0 + \boxed{} = 6$

⑤ $5 + 4 = \boxed{}$

  $4 + \boxed{} = 9$

⑥ $6 + \boxed{} = 7$

  $1 + 6 = \boxed{}$

⑦ $6 + \boxed{} = 9$

  $3 + 6 = \boxed{}$

⑧ $5 + \boxed{} = 8$

  $3 + 5 = \boxed{}$

⑨ $7 + 2 = \boxed{}$

  $2 + \boxed{} = 9$

⑩ $4 + 2 = \boxed{}$

  $2 + \boxed{} = 6$

⑪ $4 + \boxed{} = 5$

  $1 + 4 = \boxed{}$

⑫ $5 + \boxed{} = 7$

  $2 + 5 = \boxed{}$

⑬ $8 + \boxed{} = 9$

  $1 + 8 = \boxed{}$

⑭ $5 + 1 = \boxed{}$

  $1 + \boxed{} = 6$

⑮ $6 + 2 = \boxed{}$

  $2 + \boxed{} = 8$

10 가르기와 모으기

🖉 10을 두 수로 가르기

10을 두 수로 가르는 것은 받아내림이 있는 뺄셈의 기초가 돼요.

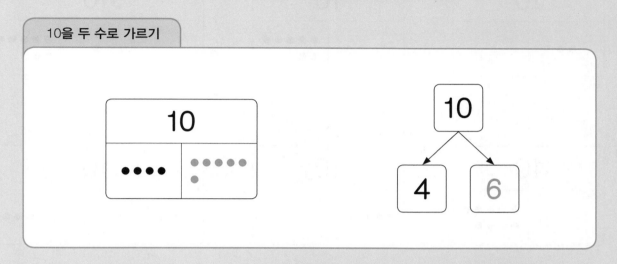

🖉 10이 되도록 두 수 모으기

10이 되도록 두 수를 모으는 것은 받아올림이 있는 덧셈의 기초가 돼요.

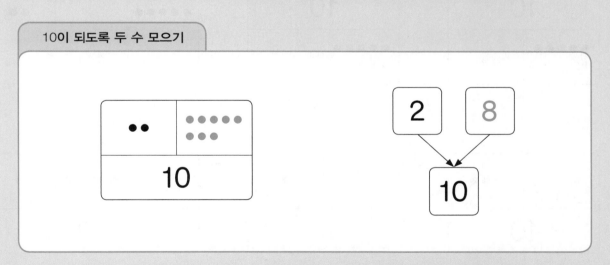

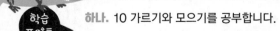

하나. 10 가르기와 모으기를 공부합니다.

둘. 10 가르기와 모으기는 덧셈에서의 받아올림, 뺄셈에서의 받아내림에 대한 개념 형성에 중요
하므로 충분히 연습할 수 있도록 합니다.

셋. 10을 세 수로 가르고 모으는 연습도 해봅니다.

🐯 빈 곳에 알맞은 수만큼 ●를 그리세요.

①
```
      10
  ••  |
```

⑥
```
      10
      |  •••••
      |  ••
```

⑪
```
         10
   |  •  |  •••••
   |     |  ••
```

②
```
      10
      |  •••••
      |  •••••
```

⑦
```
      10
 ••••• |
```

⑫
```
       10
  •• |  |  ••••
```

③
```
      10
 ••••• |
 •     |
```

⑧
```
      10
 ••••• |
 •••   |
```

⑬
```
 ••••• |  |  ••
       10
```

④
```
      |  •••
      10
```

⑨
```
      |  •
      10
```

⑭
```
  |  ••••• |  •
      10
```

⑤
```
 •••• |
      10
```

⑩
```
      |  •••••
      10
```

⑮
```
      10
 ••• |  •••
```

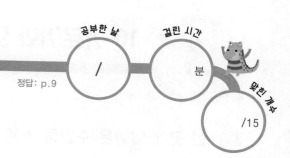

빈 곳에 알맞은 수를 써넣으세요.

①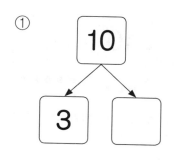

⑥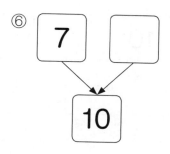

⑪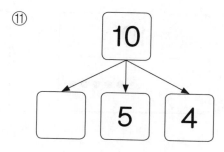

②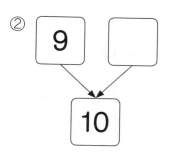

⑦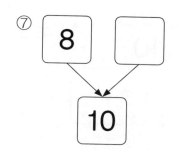

⑫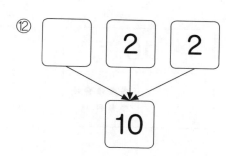

③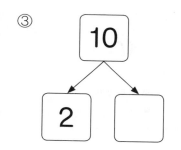

⑧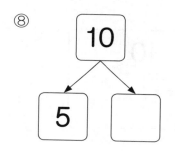

⑬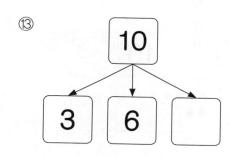

④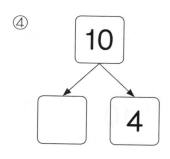

⑨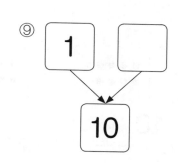

⑭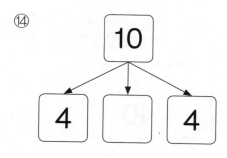

⑤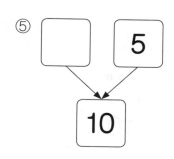

⑩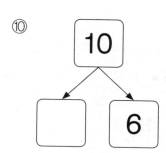

⑮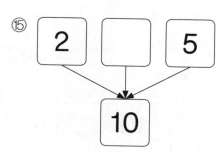

3 10 가르기와 모으기

빈 곳에 알맞은 수만큼 ●를 그리세요.

①
10	
	● ● ● ● ●

②
10	
	● ● ● ● ● ● ● ●

③
10	
● ● ● ● ● ● ●	

④
● ● ● ●	
10	

⑤
● ● ●	
10	

⑥
10	
	● ●

⑦
10	
	●

⑧
10	
● ● ● ● ● ●	

⑨
	● ● ● ● ● ● ● ● ●
10	

⑩
● ● ● ● ●	
10	

⑪
10	
● ● ●	● ● ● ● ● ●

⑫
10	
● ● ●	● ● ●

⑬
10	
● ● ● ● ● ● ●	●

⑭
● ● ● ● ● ● ● ●	●
10	

⑮
● ● ● ● ●	● ● ●
10	

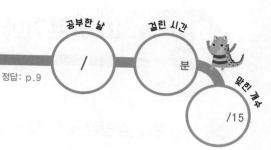
빈 곳에 알맞은 수를 써넣으세요.

①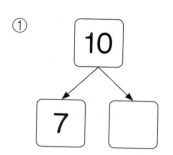

10 → 7, □

②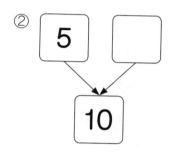

5, □ → 10

③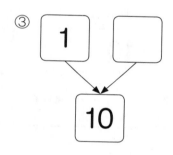

1, □ → 10

④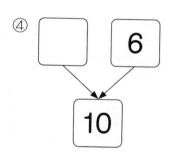

□, 6 → 10

⑤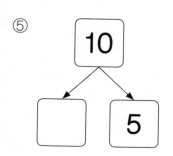

10 → □, 5

⑥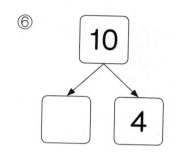

10 → □, 4

⑦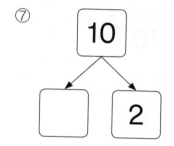

10 → □, 2

⑧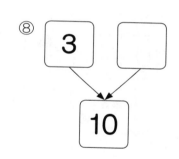

3, □ → 10

⑨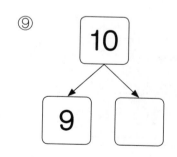

10 → 9, □

⑩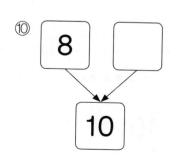

8, □ → 10

⑪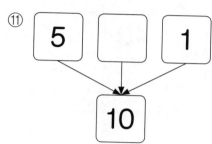

5, □, 1 → 10

⑫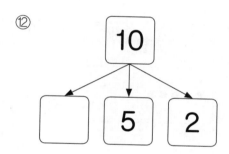

10 → □, 5, 2

⑬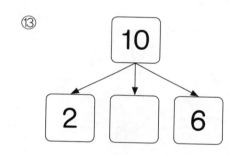

10 → 2, □, 6

⑭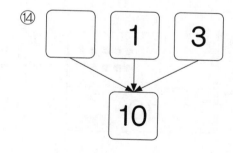

□, 1, 3 → 10

⑮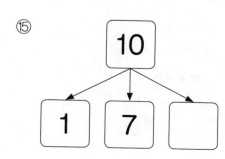

10 → 1, 7, □

5 10 가르기와 모으기

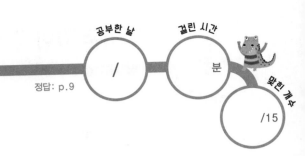

공부한 날
/
걸린 시간
분
맞힌 개수
/15

정답: p.9

🐸 빈 곳에 알맞은 수만큼 ●를 그리세요.

①
10	
●●●	

⑥
10	
	●●●●● ●

⑪
10		
●	●	

②
10	
●●●●●	

⑦
10	
●●●●● ●●●	

⑫
10		
●●	●●●●●	

③
10	
●●	

⑧
10	
	●●●●

⑬
10		
●●●●		●●●

④
	●●●●● ●●●●
10	

⑨
●●●●● ●●	
10	

⑭
	●●●●● ●	●●●
10		

⑤
●●●●	
10	

⑩
	●●●●●
10	

⑮
●●●		●●●
10		

🐹 빈 곳에 알맞은 수를 써넣으세요.

①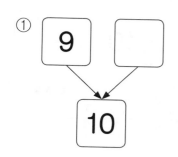

②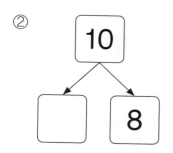

③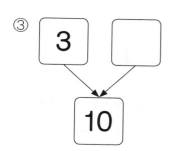

④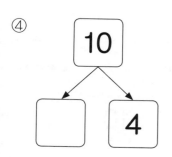

⑤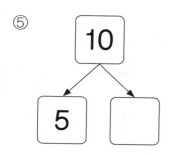

⑥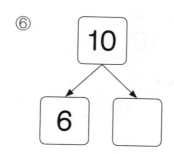

⑦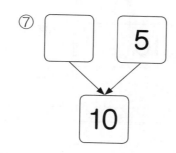

⑧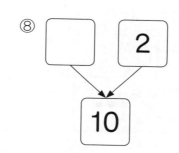

⑨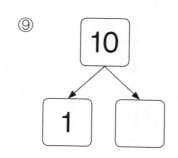

⑩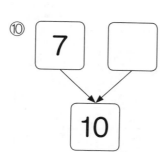

⑪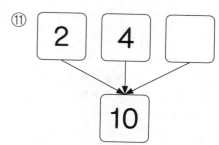

⑫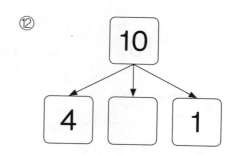

⑬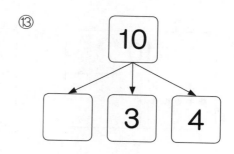

⑭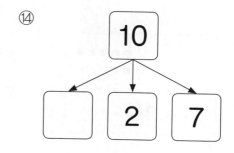

⑮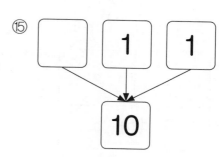

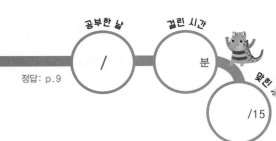

🐸 빈 곳에 알맞은 수만큼 ●를 그리세요.

①
```
       10
    • • • •
    • • • •
```

②
```
       10
• • • •
```

③
```
       10
• • • • •
```

④
```
         • • • •
         • •
       10
```

⑤
```
            •
       10
```

⑥
```
       10
• • • • •
•
```

⑦
```
       10
• •
```

⑧
```
       10
        • • •
```

⑨
```
        • • • •
       10
```

⑩
```
• • • • •
• • •
       10
```

⑪
```
           10
 •            • • •
```

⑫
```
           10
 • •        • •
```

⑬
```
           10
 • • • • •    • •
```

⑭
```
 • • • •        • • • •
       10
```

⑮
```
           10
 • • • •       •
```

공부한 날
/
걸린 시간
분
정답: p.9
맞힌 개수
/15

빈 곳에 알맞은 수를 써넣으세요.

①
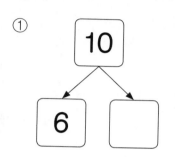

②
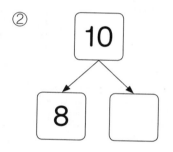

③
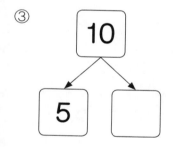

④
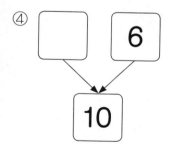

⑤
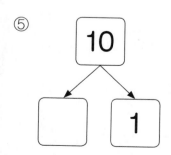

⑥
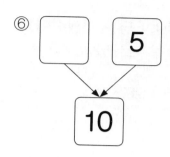

⑦
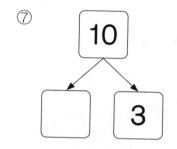

⑧
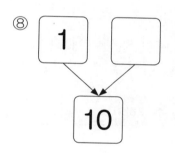

⑨
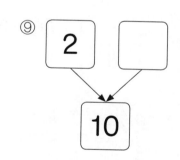

⑩
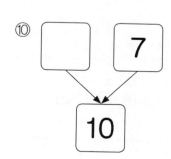

⑪
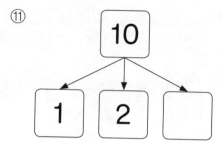

⑫
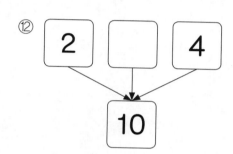

⑬
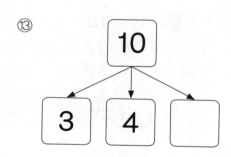

⑭
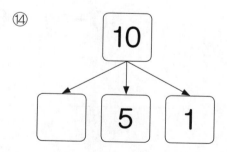

⑮
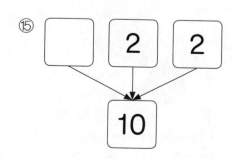

10이 되는 덧셈, 10에서 빼는 뺄셈

✏️ 10이 되는 덧셈

10이 되도록 두 수를 모으는 것은 10이 되는 덧셈이에요.
10이 되도록 모은 두 수를 덧셈식으로 나타낼 수 있어요.

> **10이 되는 덧셈식에서 ☐ 안에 알맞은 수 구하기**
>
> $7 + \boxed{3} = 10$ $\boxed{2} + 8 = 10$
>
>   7 3   2 8

✏️ 10에서 빼는 뺄셈

10을 두 수로 가르는 것은 10에서 빼는 뺄셈이에요.
10을 두 수로 가른 것을 뺄셈식으로 나타낼 수 있어요.

> **10에서 빼는 뺄셈식에서 ☐ 안에 알맞은 수 구하기**
>
> $10 - \boxed{4} = 6$ $10 - 1 = \boxed{9}$
>
>   4 6   1 9

> **학습 포인트**
>
> **하나.** 10이 되는 덧셈과 10에서 빼는 뺄셈을 공부합니다.
>
> **둘.** 앞에서 배운 10 가르기와 모으기를 덧셈식, 뺄셈식으로 나타내는 능력을 키울 수 있도록 지도합니다.

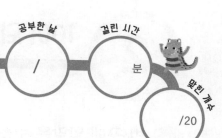

🦛 □ 안에 알맞은 수를 써넣으세요.

① $1 +$ □ $= 10$
　　　　　1　9

② $2 +$ □ $= 10$

③ $3 +$ □ $= 10$

④ $4 +$ □ $= 10$

⑤ $5 +$ □ $= 10$

⑥ $6 +$ □ $= 10$

⑦ $7 +$ □ $= 10$

⑧ $8 +$ □ $= 10$

⑨ $9 +$ □ $= 10$

⑩ $10 +$ □ $= 10$

⑪ $10 -$ □ $= 9$
　　　　　1　9

⑫ $10 -$ □ $= 8$

⑬ $10 -$ □ $= 7$

⑭ $10 -$ □ $= 6$

⑮ $10 -$ □ $= 5$

⑯ $10 -$ □ $= 4$

⑰ $10 -$ □ $= 3$

⑱ $10 -$ □ $= 2$

⑲ $10 -$ □ $= 1$

⑳ $10 -$ □ $= 0$

🦫 빈 곳에 알맞은 수를 써넣으세요.

①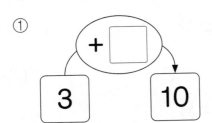

②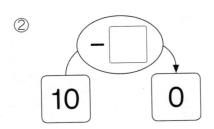

③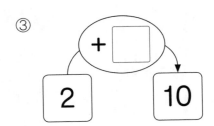

④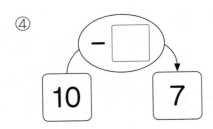

⑤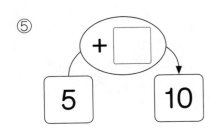

⑥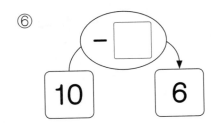

⑦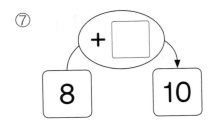

⑧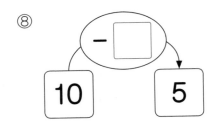

⑨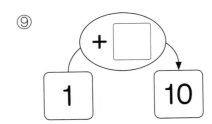

⑩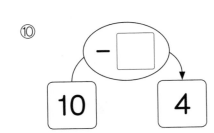

⑪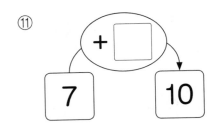

⑫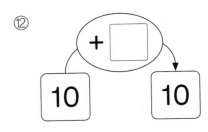

⑬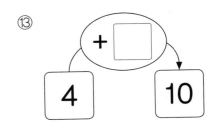

⑭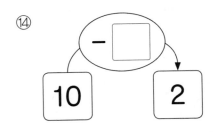

⑮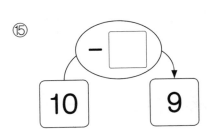

3

10이 되는 덧셈, 10에서 빼는 뺄셈

공부한 날
/

걸린 시간
분

정답: p.10

맞힌 개수
/20

🦫 □ 안에 알맞은 수를 써넣으세요.

① □+9=10
    1 9

② □+8=10

③ □+7=10

④ □+6=10

⑤ □+5=10

⑥ □+4=10

⑦ □+3=10

⑧ □+2=10

⑨ □+1=10

⑩ □+0=10

⑪ 10-1=□
    1 9

⑫ 10-2=□

⑬ 10-3=□

⑭ 10-4=□

⑮ 10-5=□

⑯ 10-6=□

⑰ 10-7=□

⑱ 10-8=□

⑲ 10-9=□

⑳ 10-10=□

빈 곳에 알맞은 수를 써넣으세요.

① −6 10 □

② +3 □ 10

③ −8 10 □

④ +9 □ 10

⑤ −3 10 □

⑥ +2 □ 10

⑦ −9 10 □

⑧ +5 □ 10

⑨ +0 □ 10

⑩ −5 10 □

⑪ −1 10 □

⑫ +4 □ 10

⑬ −7 10 □

⑭ +6 □ 10

⑮ +8 □ 10

5 10이 되는 덧셈, 10에서 빼는 뺄셈

공부한 날

걸린 시간

/

분

맞힌 개수

/20

정답: p.10

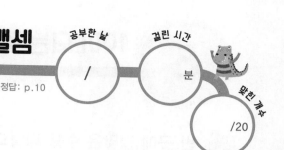

🐹 □ 안에 알맞은 수를 써넣으세요.

① $1 + \boxed{} = 10$

⑪ $2 + \boxed{} = 10$

② $3 + \boxed{} = 10$

⑫ $4 + \boxed{} = 10$

③ $5 + \boxed{} = 10$

⑬ $6 + \boxed{} = 10$

④ $7 + \boxed{} = 10$

⑭ $8 + \boxed{} = 10$

⑤ $9 + \boxed{} = 10$

⑮ $10 + \boxed{} = 10$

⑥ $10 - \boxed{} = 0$

⑯ $10 - \boxed{} = 1$

⑦ $10 - \boxed{} = 2$

⑰ $10 - \boxed{} = 3$

⑧ $10 - \boxed{} = 4$

⑱ $10 - \boxed{} = 5$

⑨ $10 - \boxed{} = 6$

⑲ $10 - \boxed{} = 7$

⑩ $10 - \boxed{} = 8$

⑳ $10 - \boxed{} = 9$

🦛 빈 곳에 알맞은 수를 써넣으세요.

①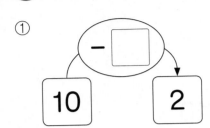

⑥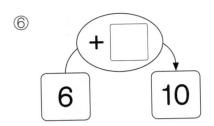

⑪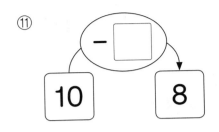

②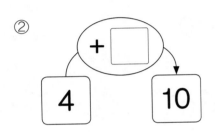

⑦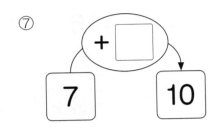

⑫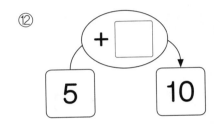

③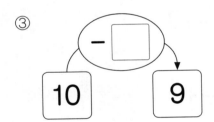

⑧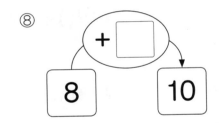

⑬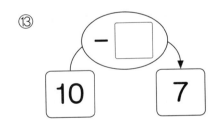

④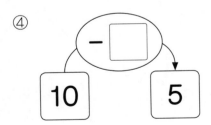

⑨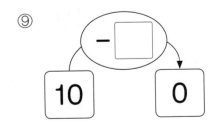

⑭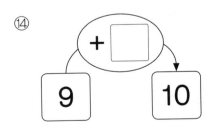

⑤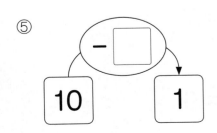

⑩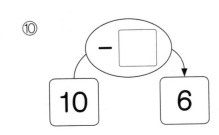

⑮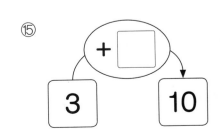

7

10이 되는 덧셈, 10에서 빼는 뺄셈

정답: p.10

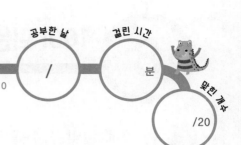

공부한 날

/

걸린 시간

분

맞힌 개수

/20

□ 안에 알맞은 수를 써넣으세요.

① □+0=10

② □+2=10

③ □+4=10

④ □+6=10

⑤ □+8=10

⑥ 10−1=□

⑦ 10−3=□

⑧ 10−5=□

⑨ 10−7=□

⑩ 10−9=□

⑪ □+1=10

⑫ □+3=10

⑬ □+5=10

⑭ □+7=10

⑮ □+9=10

⑯ 10−2=□

⑰ 10−4=□

⑱ 10−6=□

⑲ 10−8=□

⑳ 10−10=□

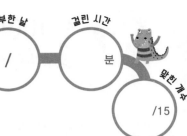

빈 곳에 알맞은 수를 써넣으세요.

① (+1) □ → 10

⑥ (−8) 10 → □

⑪ (+3) □ → 10

② (−2) 10 → □

⑦ (−6) 10 → □

⑫ (−5) 10 → □

③ (−3) 10 → □

⑧ (+8) □ → 10

⑬ (+7) □ → 10

④ (+6) □ → 10

⑨ (+5) □ → 10

⑭ (−9) 10 → □

⑤ (+9) □ → 10

⑩ (−4) 10 → □

⑮ (−10) 10 → □

8 두 수의 합이 10인 세 수의 덧셈

✏ 두 수의 합이 10인 세 수의 덧셈

세 수 중에서 합이 10이 되는 두 수를 먼저 더한 다음 나머지 수를 더해요.

앞의 두 수의 합이 10인 경우

$6 + 4 + 7 = 17$

$10 + 7$

뒤의 두 수의 합이 10인 경우

$6 + 3 + 7 = 16$

$6 + 10$

양 끝의 두 수의 합이 10인 경우

$8 + 5 + 2 = 15$

$10 + 5$

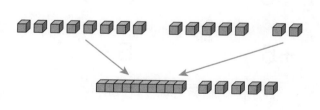

하나. 세 수 더하기를 공부합니다.

둘. 세 수 중에서 합이 10이 되는 두 수를 찾아 먼저 계산하면 세 수 더하기를 좀 더 쉽고 빠르게 계산할 수 있음을 알게 합니다.

1 두 수의 합이 10인 세 수의 덧셈

공부한 날
/

걸린 시간
분

맞힌 개수
/15

정답: p.11

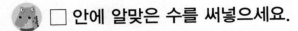 □ 안에 알맞은 수를 써넣으세요.

① $4+6+1=\boxed{}$

$\boxed{}+1$

② $5+5+4=\boxed{}$

$\boxed{}+4$

③ $6+4+9=\boxed{}$

$\boxed{}+9$

④ $8+2+6=\boxed{}$

$\boxed{}+6$

⑤ $9+1+3=\boxed{}$

$\boxed{}+3$

⑥ $2+6+4=\boxed{}$

$2+\boxed{}$

⑦ $3+2+8=\boxed{}$

$3+\boxed{}$

⑧ $7+5+5=\boxed{}$

$7+\boxed{}$

⑨ $8+9+1=\boxed{}$

$8+\boxed{}$

⑩ $9+8+2=\boxed{}$

$9+\boxed{}$

⑪ $3+5+7=\boxed{}$

$\boxed{}+5$

⑫ $6+3+4=\boxed{}$

$\boxed{}+3$

⑬ $7+4+3=\boxed{}$

$\boxed{}+4$

⑭ $8+1+2=\boxed{}$

$\boxed{}+1$

⑮ $9+6+1=\boxed{}$

$\boxed{}+6$

2 두 수의 합이 10인 세 수의 덧셈

공부한 날

걸린 시간

분

정답: p.11

맞힌 개수

/27

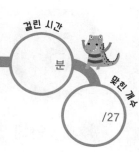

합이 10이 되는 두 수를 ◯로 묶은 뒤 세 수의 합을 구하세요.

① 6+⟨5+5⟩=

② 5+6+4=

③ 4+6+3=

④ 9+8+1=

⑤ 4+1+9=

⑥ 1+8+2=

⑦ 9+1+7=

⑧ 7+2+3=

⑨ 8+4+6=

⑩ ⟨3+6+7⟩=

⑪ 1+9+2=

⑫ 5+1+5=

⑬ 7+3+4=

⑭ 6+9+4=

⑮ 8+2+5=

⑯ 4+5+6=

⑰ 3+7+8=

⑱ 8+4+2=

⑲ ⟨6+4⟩+1=

⑳ 1+7+9=

㉑ 2+3+7=

㉒ 9+7+3=

㉓ 2+8+6=

㉔ 2+3+8=

㉕ 7+2+8=

㉖ 3+9+1=

㉗ 5+5+9=

두 수의 합이 10인 세 수의 덧셈

정답: p.11

공부한 날 /

걸린 시간 분

맞힌 개수 /15

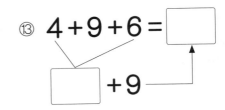

🦫 □ 안에 알맞은 수를 써넣으세요.

① $2+8+4=$ □

□ $+4$

② $3+7+2=$ □

□ $+2$

③ $4+6+7=$ □

□ $+7$

④ $6+4+5=$ □

□ $+5$

⑤ $9+1+8=$ □

□ $+8$

⑥ $1+2+8=$ □

$1+$ □

⑦ $4+9+1=$ □

$4+$ □

⑧ $5+3+7=$ □

$5+$ □

⑨ $6+7+3=$ □

$6+$ □

⑩ $9+5+5=$ □

$9+$ □

⑪ $2+6+8=$ □

□ $+6$

⑫ $3+4+7=$ □

□ $+4$

⑬ $4+9+6=$ □

□ $+9$

⑭ $6+2+4=$ □

□ $+2$

⑮ $8+3+2=$ □

□ $+3$

4

두 수의 합이 10인 세 수의 덧셈

공부한 날

/

걸린 시간

분

맞힌 개수

/27

정답: p.11

 합이 10이 되는 두 수를 ◯로 묶은 뒤 세 수의 합을 구하세요.

① (4+6)+9 =

② 4+7+3 =

③ 8+3+7 =

④ 2+4+8 =

⑤ 7+3+8 =

⑥ 6+8+2 =

⑦ 5+1+9 =

⑧ 6+2+4 =

⑨ 2+8+3 =

⑩ (8)+5+(2) =

⑪ 9+1+4 =

⑫ 7+9+3 =

⑬ 6+4+5 =

⑭ 1+6+9 =

⑮ 5+5+2 =

⑯ 9+8+1 =

⑰ 3+7+6 =

⑱ 5+7+5 =

⑲ 9+(2+8) =

⑳ 4+3+6 =

㉑ 8+2+1 =

㉒ 2+9+1 =

㉓ 7+6+4 =

㉔ 3+1+7 =

㉕ 1+9+7 =

㉖ 3+5+5 =

㉗ 1+4+6 =

🐸 ☐ 안에 알맞은 수를 써넣으세요.

① $1+9+6=$ ☐
   ☐ $+6$

② $6+4+2=$ ☐
   ☐ $+2$

③ $7+3+9=$ ☐
   ☐ $+9$

④ $8+2+4=$ ☐
   ☐ $+4$

⑤ $9+1+8=$ ☐
   ☐ $+8$

⑥ $1+7+3=$ ☐
   $1+$ ☐

⑦ $3+8+2=$ ☐
   $3+$ ☐

⑧ $5+2+8=$ ☐
   $5+$ ☐

⑨ $7+4+6=$ ☐
   $7+$ ☐

⑩ $8+6+4=$ ☐
   $8+$ ☐

⑪ $3+4+7=$ ☐
   ☐ $+4$

⑫ $6+9+4=$ ☐
   ☐ $+9$

⑬ $7+5+3=$ ☐
   ☐ $+5$

⑭ $8+7+2=$ ☐
   ☐ $+7$

⑮ $9+3+1=$ ☐
   ☐ $+3$

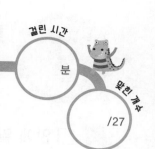

🦛 합이 10이 되는 두 수를 ◯로 묶은 뒤 세 수의 합을 구하세요.

① 1+3+7=

② 2+7+8=

③ 7+5+3=

④ 5+5+9=

⑤ 7+9+1=

⑥ 1+9+8=

⑦ 8+6+2=

⑧ 8+2+3=

⑨ 6+5+5=

⑩ 2+8+1=

⑪ 2+1+9=

⑫ 7+3+4=

⑬ 3+4+6=

⑭ 4+6+2=

⑮ 5+6+4=

⑯ 6+4+7=

⑰ 8+7+3=

⑱ 9+4+1=

⑲ 1+3+9=

⑳ 3+7+6=

㉑ 7+2+8=

㉒ 6+2+4=

㉓ 4+8+6=

㉔ 9+1+5=

㉕ 9+8+2=

㉖ 5+1+5=

㉗ 3+9+7=

7 두 수의 합이 10인 세 수의 덧셈

공부한 날
/

걸린 시간
분

맞힌 개수
/15

정답: p.11

🦛 □ 안에 알맞은 수를 써넣으세요.

① $2+8+6=$ □
□ $+6$

⑥ $2+4+6=$ □
$2+$ □

⑪ $2+5+8=$ □
□ $+5$

② $5+5+8=$ □
□ $+8$

⑦ $4+2+8=$ □
$4+$ □

⑫ $3+2+7=$ □
□ $+2$

③ $6+4+3=$ □
□ $+3$

⑧ $6+3+7=$ □
$6+$ □

⑬ $6+7+4=$ □
□ $+7$

④ $7+3+1=$ □
□ $+1$

⑨ $8+1+9=$ □
$8+$ □

⑭ $7+9+3=$ □
□ $+9$

⑤ $8+2+7=$ □
□ $+7$

⑩ $9+6+4=$ □
$9+$ □

⑮ $8+3+2=$ □
□ $+3$

8 두 수의 합이 10인 세 수의 덧셈

정답: p.11

공부한 날
/

걸린 시간
분

맞힌 개수
/27

🦛 합이 10이 되는 두 수를 ◯로 묶은 뒤 세 수의 합을 구하세요.

① 9+2+8＝

② 1+9+2＝

③ 4+2+6＝

④ 8+5+2＝

⑤ 6+8+2＝

⑥ 8+2+1＝

⑦ 2+4+8＝

⑧ 1+7+9＝

⑨ 4+7+3＝

⑩ 6+4+5＝

⑪ 7+5+5＝

⑫ 7+3+8＝

⑬ 2+3+7＝

⑭ 5+5+3＝

⑮ 5+1+9＝

⑯ 2+8+7＝

⑰ 8+9+1＝

⑱ 9+1+6＝

⑲ 9+3+1＝

⑳ 6+1+4＝

㉑ 4+6+9＝

㉒ 1+4+6＝

㉓ 7+9+3＝

㉔ 3+6+7＝

㉕ 3+6+4＝

㉖ 3+7+4＝

㉗ 5+8+5＝

실력 체크

최종 점검

공부한 날	월	일
걸린 시간	분	초
맞힌 개수		/15

정답: p.12

□ 안에 알맞은 수를 써넣으세요.

① 2+5 =☐

    5+2 =☐

② 1+2 =☐

    2+1 =☐

③ 4+3 =☐

    3+4 =☐

④ 4+2 =☐

    2+4 =☐

⑤ 6+3 =☐

    3+6 =☐

⑥ 5+0 =☐

    0+5 =☐

⑦ 3+5 =☐

    5+3 =☐

⑧ 2+7 =☐

    7+2 =☐

⑨ 5+4 =☐

    4+5 =☐

⑩ 5+1 =☐

    1+5 =☐

⑪ 1+3 =☐

    3+1 =☐

⑫ 7+1 =☐

    1+7 =☐

⑬ 1+4 =☐

    4+1 =☐

⑭ 2+6 =☐

    6+2 =☐

⑮ 8+1 =☐

    1+8 =☐

실력 체크

5-B 두 수를 바꾸어 더하기

공부한 날	월	일
걸린 시간	분	초
맞힌 개수		/12

정답: p.12

 □ 안에 알맞은 수를 써넣으세요.

① 5+3=□

□+5=8

⑤ 3+4=□

□+3=7

⑨ 6+2=□

□+6=8

② 2+7=□

□+2=9

⑥ 0+8=□

□+0=8

⑩ 1+5=□

□+1=6

③ 4+5=□

5+□=9

⑦ 1+5=□

5+□=6

⑪ 4+2=□

2+□=6

④ 3+□=4

1+3=□

⑧ 1+□=9

8+1=□

⑫ 7+□=8

1+7=□

10 가르기와 모으기

공부한 날	월	일
걸린 시간	분	초
맞힌 개수		/15

정답: p.12

 빈 곳에 알맞은 수만큼 ●를 그리세요.

①
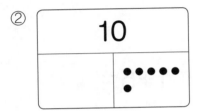

⑥
```
10
        •
```

⑪
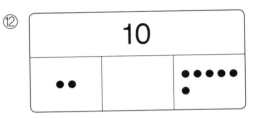

②
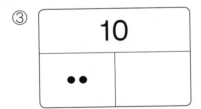

⑦
```
10
•••••
```

⑫
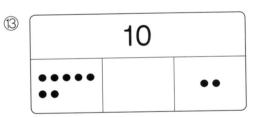

③
```
10
••
```

⑧
```
10
    ••••
```

⑬
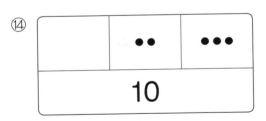

④
```
    •••••
10
```

⑨
```
•••
10
```

⑭
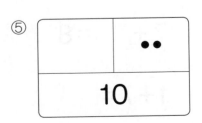

⑤
```
    ••
10
```

⑩
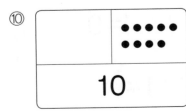

⑮
```
•••••    •••
•
       10
```

6-B **10 가르기와 모으기**

공부한 날	월	일
걸린 시간	분	초
맞힌 개수		/12

정답: p.12

 빈 곳에 알맞은 수를 써넣으세요.

①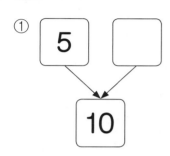

⑤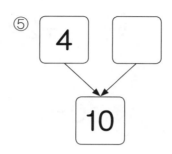

⑨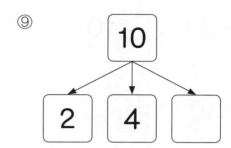

②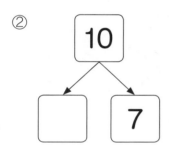

⑥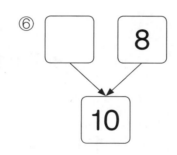

⑩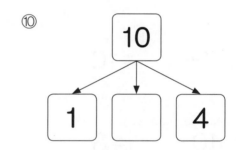

③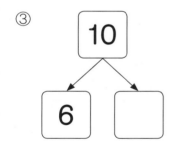

⑦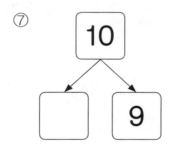

⑪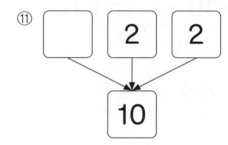

④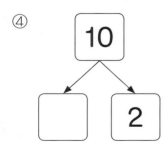

⑧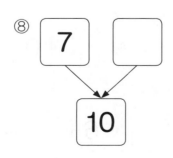

⑫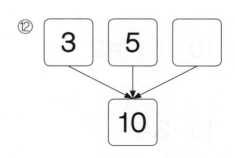

7-A 10이 되는 덧셈, 10에서 빼는 뺄셈

공부한 날		월	일
걸린 시간		분	초
맞힌 개수			/20

정답: p.13

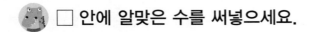 □ 안에 알맞은 수를 써넣으세요.

① $3 + \boxed{} = 10$

② $10 - 5 = \boxed{}$

③ $10 - \boxed{} = 1$

④ $7 + \boxed{} = 10$

⑤ $10 - \boxed{} = 8$

⑥ $10 + \boxed{} = 10$

⑦ $4 + \boxed{} = 10$

⑧ $\boxed{} + 9 = 10$

⑨ $10 - \boxed{} = 2$

⑩ $10 - 3 = \boxed{}$

⑪ $\boxed{} + 2 = 10$

⑫ $10 - \boxed{} = 9$

⑬ $10 - 8 = \boxed{}$

⑭ $\boxed{} + 7 = 10$

⑮ $10 - 1 = \boxed{}$

⑯ $\boxed{} + 4 = 10$

⑰ $10 - \boxed{} = 5$

⑱ $10 - 6 = \boxed{}$

⑲ $\boxed{} + 0 = 10$

⑳ $6 + \boxed{} = 10$

실력 체크

7-B 10이 되는 덧셈, 10에서 빼는 뺄셈

공부한 날	월	일
걸린 시간	분	초
맞힌 개수		/12

정답: p.13

🐹 빈 곳에 알맞은 수를 써넣으세요.

①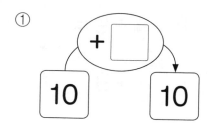

⑤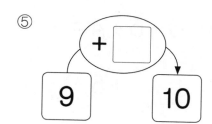

⑨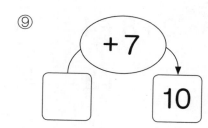

②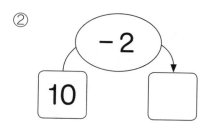

⑥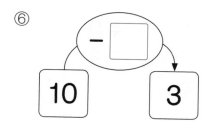

⑩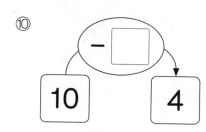

③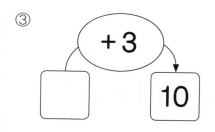

⑦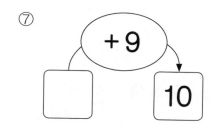

⑪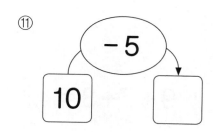

④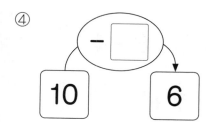

⑧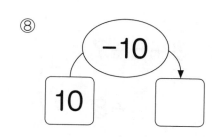

⑫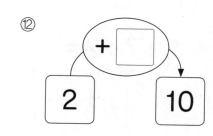

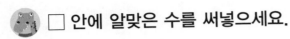

8-A 두 수의 합이 10인 세 수의 덧셈

공부한 날	월	일
걸린 시간	분	초
맞힌 개수		/15

정답: p.13

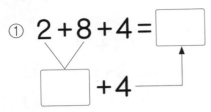 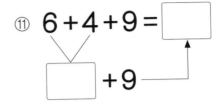 □ 안에 알맞은 수를 써넣으세요.

① $2+8+4 =$ ▢

 ▢ $+4$

⑥ $6+5+4 =$ ▢

 ▢ $+5$

⑪ $6+4+9 =$ ▢

 ▢ $+9$

② $7+6+3 =$ ▢

 ▢ $+6$

⑦ $4+6+8 =$ ▢

 ▢ $+8$

⑫ $3+8+2 =$ ▢

 $3+$ ▢

③ $4+5+5 =$ ▢

 $4+$ ▢

⑧ $8+2+6 =$ ▢

 ▢ $+6$

⑬ $5+3+7 =$ ▢

 $5+$ ▢

④ $9+7+3 =$ ▢

 $9+$ ▢

⑨ $7+3+2 =$ ▢

 ▢ $+2$

⑭ $4+1+6 =$ ▢

 ▢ $+1$

⑤ $8+7+2 =$ ▢

 ▢ $+7$

⑩ $3+8+7 =$ ▢

 ▢ $+8$

⑮ $7+6+4 =$ ▢

 $7+$ ▢

8-B 두 수의 합이 10인 세 수의 덧셈

공부한 날 　　 월 　　 일

걸린 시간 　　 분 　　 초

맞힌 개수 　　 /21

정답: p.13

합이 10이 되는 두 수를 ◯로 묶은 뒤 세 수의 합을 구하세요.

① $4+6+2=$

② $3+5+7=$

③ $9+2+1=$

④ $5+4+5=$

⑤ $1+9+7=$

⑥ $4+3+6=$

⑦ $8+1+9=$

⑧ $1+3+7=$

⑨ $5+4+6=$

⑩ $2+8+5=$

⑪ $2+7+8=$

⑫ $3+7+9=$

⑬ $9+8+2=$

⑭ $7+6+4=$

⑮ $8+1+2=$

⑯ $5+5+6=$

⑰ $7+8+3=$

⑱ $8+2+4=$

⑲ $6+4+8=$

⑳ $3+2+8=$

㉑ $6+7+3=$

Memo

Memo

Memo

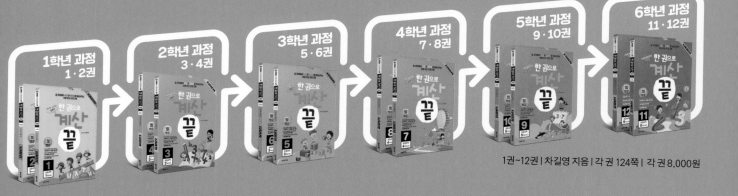

학 습 구 성

계산력+두뇌회전
UP!

한 권으로
계산 끝 정답

1

초등수학
1학년 과정

넥서스에듀

계산력 + 두뇌회전
UP!

한 권으로
계산
끝

정답

1

초등수학
1학년 과정

넥서스에듀

1   p.15

① ●
② ●●●
③ ●●
④ ●
⑤ ●
⑥ ●
⑦ ●
⑧ ●●●●
⑨ ●●
⑩ ●●●
⑪ ●●
⑫ ●●
⑬ ●
⑭ ●●
⑮ ●●●●

2   p.16

① 1
② 4
③ 2
④ 2
⑤ 2
⑥ 1
⑦ 1
⑧ 1
⑨ 2
⑩ 1
⑪ 4
⑫ 1
⑬ 3
⑭ 1
⑮ 1

3   p.17

① ●●
② ●●●●
③ ●●●●
④ ●●
⑤ ●●●●●
⑥ ●
⑦ ●●●●
⑧ ●●●●● ●
⑨ ●
⑩ ●●●●
⑪ ●●
⑫ ●
⑬ ●●●●●
⑭ ●●●
⑮ ●●

4   p.18

① 2
② 2
③ 1
④ 1
⑤ 2
⑥ 3
⑦ 2
⑧ 3
⑨ 4
⑩ 1
⑪ 2
⑫ 4
⑬ 3
⑭ 5
⑮ 4

5   p.19

① ●●
② ●●●●
③ ●●●●
④ ●●
⑤ ●●●●●
⑥ ●●●●●
⑦ ●●●●●
⑧ ●
⑨ ●●●
⑩ ●●
⑪ ●●●●
⑫ ●●●
⑬ ●●●
⑭ ●●●●● ●
⑮ ●●●●

6   p.20

① 3
② 6
③ 1
④ 5
⑤ 2
⑥ 3
⑦ 1
⑧ 4
⑨ 5
⑩ 2
⑪ 2
⑫ 5
⑬ 3
⑭ 4
⑮ 7

7   p.21

① ●●●●●
② ●●●●
③ ●●●●
④ ●
⑤ ●●●●● ●
⑥ ●●●●●
⑦ ●●●●
⑧ ●●●●● ●●
⑨ ●●●●● ●
⑩ ●●●●●
⑪ ●
⑫ ●●●
⑬ ●●●●
⑭ ●●●
⑮ ●●

8   p.22

① 1
② 3
③ 2
④ 8
⑤ 2
⑥ 4
⑦ 6
⑧ 4
⑨ 5
⑩ 5
⑪ 3
⑫ 1
⑬ 7
⑭ 7
⑮ 6

2 합이 9까지인 수의 덧셈

1 p.24

① 1	⑧ 8	⑮ 7	㉒ 4
② 2	⑨ 9	⑯ 8	㉓ 5
③ 3	⑩ 2	⑰ 9	㉔ 6
④ 4	⑪ 3	⑱ 0	㉕ 7
⑤ 5	⑫ 4	⑲ 1	㉖ 8
⑥ 6	⑬ 5	⑳ 2	㉗ 9
⑦ 7	⑭ 6	㉑ 3	

2 p.25

① 3, 6, 5, 8, 1	④ 7, 4, 9, 2
② 6, 8, 5, 3	⑤ 9, 7, 4
③ 2, 6, 0, 3, 8	⑥ 4, 5, 1, 7

3 p.26

① 1	⑧ 8	⑮ 8	㉒ 9
② 2	⑨ 9	⑯ 9	㉓ 5
③ 3	⑩ 3	⑰ 4	㉔ 6
④ 4	⑪ 4	⑱ 5	㉕ 7
⑤ 5	⑫ 5	⑲ 6	㉖ 8
⑥ 6	⑬ 6	⑳ 7	㉗ 9
⑦ 7	⑭ 7	㉑ 8	

4 p.27

① 2, 6, 9, 4, 7	④ 9, 5, 6, 8
② 6, 3, 9, 4	⑤ 7, 5, 8
③ 9, 7, 5, 8, 6	⑥ 7, 6, 3, 9

5 p.28

① 3	⑧ 8	⑮ 6	㉒ 7
② 5	⑨ 9	⑯ 8	㉓ 9
③ 9	⑩ 3	⑰ 5	㉔ 7
④ 1	⑪ 5	⑱ 7	㉕ 8
⑤ 2	⑫ 7	⑲ 9	㉖ 8
⑥ 4	⑬ 9	⑳ 6	㉗ 9
⑦ 6	⑭ 4	㉑ 8	

6 p.29

① 8, 2, 5, 9, 3	④ 7, 9, 5, 8
② 6, 8, 4, 5, 9	⑤ 8, 6, 9
③ 9, 4, 6, 8, 5	⑥ 8, 9, 7

7 p.30

① 4	⑧ 9	⑮ 6	㉒ 5
② 6	⑨ 5	⑯ 7	㉓ 8
③ 4	⑩ 6	⑰ 8	㉔ 9
④ 5	⑪ 7	⑱ 9	㉕ 9
⑤ 6	⑫ 8	⑲ 7	㉖ 7
⑥ 7	⑬ 9	⑳ 8	㉗ 9
⑦ 8	⑭ 3	㉑ 9	

8 p.31

① 3, 6, 1, 4	④ 6, 9, 7, 8
② 7, 9, 5, 8	⑤ 9, 7, 4, 8, 6
③ 8, 3, 9, 6, 5	⑥ 9, 7, 8

3 차가 9까지인 수의 뺄셈

1 p.33

① 0	⑧ 7	⑮ 5	㉒ 4
② 1	⑨ 8	⑯ 6	㉓ 5
③ 2	⑩ 0	⑰ 7	㉔ 6
④ 3	⑪ 1	⑱ 0	㉕ 7
⑤ 4	⑫ 2	⑲ 1	㉖ 8
⑥ 5	⑬ 3	⑳ 2	㉗ 9
⑦ 6	⑭ 4	㉑ 3	

2 p.34

① 7, 2, 5, 3	④ 6, 1, 8, 4
② 7, 4, 6, 1	⑤ 3, 9, 2, 5
③ 0, 3, 5, 2	⑥ 7, 6, 4, 1

3 p.35

① 0	⑧ 6	⑮ 5	㉒ 5
② 0	⑨ 7	⑯ 6	㉓ 0
③ 1	⑩ 0	⑰ 0	㉔ 1
④ 2	⑪ 1	⑱ 1	㉕ 2
⑤ 3	⑫ 2	⑲ 2	㉖ 3
⑥ 4	⑬ 3	⑳ 3	㉗ 4
⑦ 5	⑭ 4	㉑ 4	

4 p.36

① 5, 3, 2, 7	④ 2, 4, 1, 0
② 0, 4, 2, 1	⑤ 2, 3, 5, 1
③ 0, 2, 4, 8, 3	⑥ 1, 4, 6

5 p.37

① 0	⑧ 2	⑮ 4	㉒ 8
② 1	⑨ 0	⑯ 2	㉓ 6
③ 2	⑩ 5	⑰ 8	㉔ 4
④ 0	⑪ 3	⑱ 7	㉕ 2
⑤ 3	⑫ 1	⑲ 5	㉖ 1
⑥ 1	⑬ 7	⑳ 3	㉗ 0
⑦ 4	⑭ 6	㉑ 1	

6 p.38

① 3, 1, 4, 6, 8	④ 5, 2, 3, 1
② 2, 3, 1, 0, 5	⑤ 3, 2, 1
③ 4, 3, 6, 0	⑥ 2, 0, 4

7 p.39

① 2	⑧ 2	⑮ 6	㉒ 6
② 1	⑨ 1	⑯ 5	㉓ 5
③ 3	⑩ 5	⑰ 4	㉔ 4
④ 2	⑪ 4	⑱ 3	㉕ 3
⑤ 1	⑫ 3	⑲ 2	㉖ 2
⑥ 4	⑬ 2	⑳ 1	㉗ 1
⑦ 3	⑭ 1	㉑ 7	

8 p.40

① 1, 5, 2, 4, 6	④ 3, 4, 1, 0
② 3, 4, 2, 5, 1	⑤ 3, 1, 2, 0
③ 5, 2, 3	⑥ 1, 0, 2

4 덧셈과 뺄셈의 관계

1

① 3, 1, 2
② 6, 2, 4
③ 9, 3, 6
④ 5, 4, 1
⑤ 8, 5, 3
⑥ 8, 6, 2

⑦ 3, 4, 4
⑧ 2, 5, 5
⑨ 5, 7, 7
⑩ 3, 7, 7
⑪ 7, 8, 8
⑫ 5, 9, 9

2
p.43

① 4, 1, 3
② 8, 7, 1
③ 7, 7, 7
④ 6, 4, 2
⑤ 9, 9, 9
⑥ 6, 1, 5

⑦ 1, 1, 4
⑧ 3, 5, 5
⑨ 2, 1, 2
⑩ 6, 8, 8
⑪ 6, 6, 1
⑫ 3, 5, 3

3
p.44

① 6, 1, 5
② 9, 1, 8
③ 8, 2, 6
④ 7, 5, 2
⑤ 7, 6, 1
⑥ 9, 7, 2

⑦ 1, 4, 4
⑧ 4, 5, 5
⑨ 2, 6, 6
⑩ 4, 7, 7
⑪ 8, 9, 9
⑫ 4, 9, 9

4
p.45

① 5, 5, 5
② 5, 2, 3
③ 3, 2, 1
④ 8, 8, 8
⑤ 7, 4, 3
⑥ 8, 2, 6

⑦ 4, 2, 4
⑧ 1, 7, 7
⑨ 7, 2, 7
⑩ 5, 5, 3
⑪ 1, 6, 6
⑫ 3, 3, 6

5
p.46

① 7, 1, 6
② 9, 2, 7
③ 9, 5, 4
④ 1, 3, 3
⑤ 3, 7, 7
⑥ 1, 8, 8

⑦ 5, 2, 3
⑧ 8, 3, 5
⑨ 9, 8, 1
⑩ 3, 4, 4
⑪ 2, 8, 8
⑫ 6, 9, 9

6
p.47

① 9, 1, 8
② 7, 5, 2
③ 4, 1, 3
④ 9, 9, 4
⑤ 9, 9, 9
⑥ 8, 1, 8

⑦ 2, 2, 2
⑧ 3, 3, 5
⑨ 3, 5, 5
⑩ 2, 7, 2
⑪ 6, 8, 8
⑫ 4, 3, 3

7
p.48

① 8, 1, 7
② 7, 3, 4
③ 7, 6, 1
④ 1, 5, 5
⑤ 5, 7, 7
⑥ 2, 8, 8

⑦ 8, 2, 6
⑧ 8, 5, 3
⑨ 9, 7, 2
⑩ 2, 6, 6
⑪ 7, 8, 8
⑫ 4, 9, 9

8
p.49

① 7, 7, 7
② 8, 5, 3
③ 7, 5, 2
④ 6, 4, 4
⑤ 5, 5, 5
⑥ 9, 8, 8

⑦ 5, 1, 6
⑧ 2, 5, 5
⑨ 1, 1, 7
⑩ 1, 4, 4
⑪ 5, 9, 5
⑫ 3, 6, 3

1-A p.52

① ●
② ●●●●
③ ●
④ ●●●●
⑤ ●●●

⑥ ●●
⑦ ●●
⑧ ●●
⑨ ●
⑩ ●●

⑪ ●●●
⑫ ●●●●
⑬ ●●●●●
⑭ ●●
⑮ ●●●

1-B p.53

① 5
② 5
③ 2
④ 1

⑤ 4
⑥ 4
⑦ 7
⑧ 2

⑨ 1
⑩ 1
⑪ 3
⑫ 1

2-A p.54

① 2
② 5
③ 4
④ 7
⑤ 9
⑥ 9
⑦ 6

⑧ 8
⑨ 8
⑩ 9
⑪ 9
⑫ 7
⑬ 3
⑭ 8

⑮ 5
⑯ 7
⑰ 8
⑱ 6
⑲ 3
⑳ 9
㉑ 7

㉒ 5
㉓ 5
㉔ 8
㉕ 9
㉖ 5
㉗ 6

2-B p.55

+	4	1	2	0	3
5	9	6	7	5	8
3	7	4	5	3	6
1	5	2	3	1	4
0	4	1	2	0	3
2	6	3	4	2	5
4	8	5	6	4	7

① 7　　⑧ 4　　⑮ 1　　㉒ 1
② 1　　⑨ 0　　⑯ 6　　㉓ 6
③ 4　　⑩ 1　　⑰ 4　　㉔ 2
④ 7　　⑪ 3　　⑱ 2
⑤ 0　　⑫ 5　　⑲ 4　　㉕ 5
⑥ 6　　⑬ 2　　⑳ 2　　㉖ 3
⑦ 3　　⑭ 2　　㉑ 2　　㉗ 0

−	5	7	6	9	8
5	0	2	1	4	3
0	5	7	6	9	8
1	4	6	5	8	7
4	1	3	2	5	4
2	3	5	4	7	6
3	2	4	3	6	5

① 4, 1, 3　　⑦ 1, 6, 6
② 7, 2, 5　　⑧ 4, 7, 7
③ 5, 4, 1　　⑨ 7, 9, 9
④ 8, 6, 2　　⑩ 6, 7, 7
⑤ 8, 7, 1　　⑪ 1, 9, 9
⑥ 9, 3, 6　　⑫ 4, 9, 9

① 3, 3, 3　　⑥ 2, 8, 2
② 7, 3, 7　　⑦ 2, 2, 5
③ 9, 2, 7　　⑧ 6, 3, 6
④ 8, 3, 5　　⑨ 4, 4, 4
⑤ 9, 9, 5　　⑩ 2, 9, 9

5 두 수를 바꾸어 더하기

1
p.61

① 4, 4 ⑥ 7, 7 ⑪ 7, 7
② 3, 3 ⑦ 8, 8 ⑫ 8, 8
③ 4, 4 ⑧ 9, 9 ⑬ 7, 7
④ 5, 5 ⑨ 5, 5 ⑭ 8, 8
⑤ 6, 6 ⑩ 6, 6 ⑮ 9, 9

2
p.62

① 9, 8 ⑥ 5, 3 ⑪ 5, 4
② 3, 2 ⑦ 7, 4 ⑫ 8, 7
③ 9, 6 ⑧ 6, 5 ⑬ 8, 6
④ 7, 5 ⑨ 5, 5 ⑭ 4, 3
⑤ 7, 6 ⑩ 8, 5 ⑮ 6, 4

3
p.63

① 3, 3 ⑥ 9, 9 ⑪ 9, 9
② 5, 5 ⑦ 5, 5 ⑫ 7, 7
③ 6, 6 ⑧ 6, 6 ⑬ 8, 8
④ 7, 7 ⑨ 7, 7 ⑭ 9, 9
⑤ 8, 8 ⑩ 8, 8 ⑮ 9, 9

4
p.64

① 5, 4 ⑥ 9, 7 ⑪ 9, 8
② 7, 5 ⑦ 9, 6 ⑫ 6, 4
③ 4, 4 ⑧ 7, 6 ⑬ 8, 5
④ 8, 7 ⑨ 7, 4 ⑭ 8, 6
⑤ 5, 3 ⑩ 9, 5 ⑮ 6, 5

5
p.65

① 3, 3 ⑥ 5, 5 ⑪ 5, 5
② 6, 6 ⑦ 7, 7 ⑫ 6, 6
③ 7, 7 ⑧ 8, 8 ⑬ 9, 9
④ 6, 6 ⑨ 7, 7 ⑭ 8, 8
⑤ 9, 9 ⑩ 8, 8 ⑮ 9, 9

6
p.66

① 3, 3 ⑥ 5, 4 ⑪ 8, 5
② 7, 5 ⑦ 9, 6 ⑫ 8, 7
③ 3, 2 ⑧ 9, 7 ⑬ 6, 4
④ 4, 9 ⑨ 2, 8 ⑭ 1, 6
⑤ 3, 7 ⑩ 1, 7 ⑮ 2, 5

7
p.67

① 5, 5 ⑥ 5, 5 ⑪ 6, 6
② 7, 7 ⑦ 6, 6 ⑫ 7, 7
③ 8, 8 ⑧ 9, 9 ⑬ 7, 7
④ 8, 8 ⑨ 9, 9 ⑭ 7, 7
⑤ 8, 8 ⑩ 9, 9 ⑮ 9, 9

8
p.68

① 1, 8 ⑥ 1, 7 ⑪ 1, 5
② 3, 7 ⑦ 3, 9 ⑫ 2, 7
③ 2, 5 ⑧ 3, 8 ⑬ 1, 9
④ 6, 6 ⑨ 9, 7 ⑭ 6, 5
⑤ 9, 5 ⑩ 6, 4 ⑮ 8, 6

1 p.70

① ●●●●● ●●●●
② ●
③ ●●●●
④ ●●●●● ●●
⑤ ●●●●● ●
⑥ ●●●
⑦ ●●●●● ●
⑧ ●●
⑨ ●●●● ●●●
⑩ ●●●●
⑪ ●●
⑫ ●●●●
⑬ ●●●
⑭ ●●●●●
⑮ ●●●●

2 p.71

① 7 ⑥ 3 ⑪ 1
② 1 ⑦ 2 ⑫ 6
③ 8 ⑧ 5 ⑬ 1
④ 6 ⑨ 9 ⑭ 2
⑤ 5 ⑩ 4 ⑮ 3

3 p.72

① ●●●●●
② ●●
③ ●●●
④ ●●●●●
⑤ ●●●●● ●●
⑥ ●●●●● ●●●
⑦ ●●●●● ●●●●
⑧ ●●●●●
⑨ ●
⑩ ●●●●●
⑪ ●
⑫ ●●●●
⑬ ●●
⑭ ●
⑮ ●●

4 p.73

① 3 ⑥ 6 ⑪ 4
② 5 ⑦ 8 ⑫ 3
③ 9 ⑧ 7 ⑬ 2
④ 4 ⑨ 1 ⑭ 6
⑤ 5 ⑩ 2 ⑮ 2

5 p.74

① ●●●●● ●●
② ●●●●●
③ ●●●●● ●●●
④ ●
⑤ ●●●●● ●
⑥ ●●●●
⑦ ●●
⑧ ●●●● ●
⑨ ●●●
⑩ ●●●●
⑪ ●●●●● ●●●
⑫ ●●
⑬ ●●
⑭ ●
⑮ ●●●●

6 p.75

① 1 ⑥ 4 ⑪ 4
② 2 ⑦ 5 ⑫ 5
③ 7 ⑧ 8 ⑬ 3
④ 6 ⑨ 9 ⑭ 1
⑤ 5 ⑩ 3 ⑮ 8

7 p.76

① ●
② ●●●●● ●
③ ●●●●
④ ●●●
⑤ ●●●●● ●●●●
⑥ ●●●●
⑦ ●●●●● ●●
⑧ ●●●●● ●
⑨ ●●●●
⑩ ●●
⑪ ●●●●● ●
⑫ ●●●●● ●
⑬ ●●●
⑭ ●●
⑮ ●●●●●

8 p.77

① 4 ⑥ 5 ⑪ 7
② 2 ⑦ 7 ⑫ 4
③ 5 ⑧ 9 ⑬ 3
④ 4 ⑨ 8 ⑭ 4
⑤ 9 ⑩ 3 ⑮ 6

10이 되는 덧셈, 10에서 빼는 뺄셈

1   p.79

① 9	⑥ 4	⑪ 1	⑯ 6
② 8	⑦ 3	⑫ 2	⑰ 7
③ 7	⑧ 2	⑬ 3	⑱ 8
④ 6	⑨ 1	⑭ 4	⑲ 9
⑤ 5	⑩ 0	⑮ 5	⑳ 10

2   p.80

① 7	⑤ 5	⑨ 9	⑬ 6
② 10	⑥ 4	⑩ 6	⑭ 8
③ 8	⑦ 2	⑪ 3	⑮ 1
④ 3	⑧ 5	⑫ 0	

3   p.81

① 1	⑥ 6	⑪ 9	⑯ 4
② 2	⑦ 7	⑫ 8	⑰ 3
③ 3	⑧ 8	⑬ 7	⑱ 2
④ 4	⑨ 9	⑭ 6	⑲ 1
⑤ 5	⑩ 10	⑮ 5	⑳ 0

4   p.82

① 4	⑤ 7	⑨ 10	⑬ 3
② 7	⑥ 8	⑩ 5	⑭ 4
③ 2	⑦ 1	⑪ 9	⑮ 2
④ 1	⑧ 5	⑫ 6	

5   p.83

① 9	⑥ 10	⑪ 8	⑯ 9
② 7	⑦ 8	⑫ 6	⑰ 7
③ 5	⑧ 6	⑬ 4	⑱ 5
④ 3	⑨ 4	⑭ 2	⑲ 3
⑤ 1	⑩ 2	⑮ 0	⑳ 1

6   p.84

① 8	⑤ 9	⑨ 10	⑬ 3
② 6	⑥ 4	⑩ 4	⑭ 1
③ 1	⑦ 3	⑪ 2	⑮ 7
④ 5	⑧ 2	⑫ 5	

7   p.85

① 10	⑥ 9	⑪ 9	⑯ 8
② 8	⑦ 7	⑫ 7	⑰ 6
③ 6	⑧ 5	⑬ 5	⑱ 4
④ 4	⑨ 3	⑭ 3	⑲ 2
⑤ 2	⑩ 1	⑮ 1	⑳ 0

8   p.86

① 9	⑤ 1	⑨ 5	⑬ 3
② 8	⑥ 2	⑩ 6	⑭ 1
③ 7	⑦ 4	⑪ 7	⑮ 0
④ 4	⑧ 2	⑫ 5	

8 두 수의 합이 10인 세 수의 덧셈

1   p.88

① 10, 11   ⑥ 10, 12   ⑪ 10, 15

② 10, 14   ⑦ 10, 13   ⑫ 10, 13

③ 10, 19   ⑧ 10, 17   ⑬ 10, 14

④ 10, 16   ⑨ 10, 18   ⑭ 10, 11

⑤ 10, 13   ⑩ 10, 19   ⑮ 10, 16

2   p.89

① 6+5+5=16   ⑩ 3+6+7=16   ⑲ 6+4+1=11
② 5+6+4=15   ⑪ 1+9+2=12   ⑳ 1+7+9=17
③ 4+6+3=13   ⑫ 5+1+5=11   ㉑ 2+3+7=12
④ 9+8+1=18   ⑬ 7+3+4=14   ㉒ 9+7+3=19
⑤ 4+1+9=14   ⑭ 6+9+4=19   ㉓ 2+8+6=16
⑥ 1+8+2=11   ⑮ 8+2+5=15   ㉔ 2+3+8=13
⑦ 9+1+7=17   ⑯ 4+5+6=15   ㉕ 7+2+8=17
⑧ 7+2+3=12   ⑰ 3+7+8=18   ㉖ 3+9+1=13
⑨ 8+4+6=18   ⑱ 8+4+2=14   ㉗ 5+5+9=19

3   p.90

① 10, 14   ⑥ 10, 11   ⑪ 10, 16

② 10, 12   ⑦ 10, 14   ⑫ 10, 14

③ 10, 17   ⑧ 10, 15   ⑬ 10, 19

④ 10, 15   ⑨ 10, 16   ⑭ 10, 12

⑤ 10, 18   ⑩ 10, 19   ⑮ 10, 13

4   p.91

① 4+6+9=19   ⑩ 8+5+2=15   ⑲ 9+2+8=19
② 4+7+3=14   ⑪ 9+1+4=14   ⑳ 4+3+6=13
③ 8+3+7=18   ⑫ 7+9+3=19   ㉑ 8+2+1=11
④ 2+4+8=14   ⑬ 6+4+5=15   ㉒ 2+9+1=12
⑤ 7+3+8=18   ⑭ 1+6+9=16   ㉓ 7+6+4=17
⑥ 6+8+2=16   ⑮ 5+5+2=12   ㉔ 3+1+7=11
⑦ 5+1+9=15   ⑯ 9+8+1=18   ㉕ 1+9+7=17
⑧ 6+2+4=12   ⑰ 3+7+6=16   ㉖ 3+5+5=13
⑨ 2+8+3=13   ⑱ 5+7+5=17   ㉗ 1+4+6=11

5   p.92

① 10, 16   ⑥ 10, 11   ⑪ 10, 14

② 10, 12   ⑦ 10, 13   ⑫ 10, 19

③ 10, 19   ⑧ 10, 15   ⑬ 10, 15

④ 10, 14   ⑨ 10, 17   ⑭ 10, 17

⑤ 10, 18   ⑩ 10, 18   ⑮ 10, 13

6   p.93

① 1+3+7=11   ⑩ 2+8+1=11   ⑲ 1+3+9=13
② 2+7+8=17   ⑪ 2+1+9=12   ⑳ 3+7+6=16
③ 7+5+3=15   ⑫ 7+3+4=14   ㉑ 7+2+8=17
④ 5+5+9=19   ⑬ 3+4+6=13   ㉒ 6+2+4=12
⑤ 7+9+1=17   ⑭ 4+6+2=12   ㉓ 4+8+6=18
⑥ 1+9+8=18   ⑮ 5+6+4=15   ㉔ 9+1+5=15
⑦ 8+6+2=16   ⑯ 6+4+7=17   ㉕ 9+8+2=19
⑧ 8+2+3=13   ⑰ 8+7+3=18   ㉖ 5+1+5=11
⑨ 6+5+5=16   ⑱ 9+4+1=14   ㉗ 3+9+7=19

7   p.94

① 10, 16   ⑥ 10, 12   ⑪ 10, 15

② 10, 18   ⑦ 10, 14   ⑫ 10, 12

③ 10, 13   ⑧ 10, 16   ⑬ 10, 17

④ 10, 11   ⑨ 10, 18   ⑭ 10, 19

⑤ 10, 17   ⑩ 10, 19   ⑮ 10, 13

8   p.95

① 9+2+8=19   ⑩ 6+4+5=15   ⑲ 9+3+1=13
② 1+9+2=12   ⑪ 7+5+5=17   ⑳ 6+1+4=11
③ 4+2+6=12   ⑫ 7+3+8=18   ㉑ 4+6+9=19
④ 8+5+2=15   ⑬ 2+3+7=12   ㉒ 1+4+6=11
⑤ 6+8+2=16   ⑭ 5+5+3=13   ㉓ 7+9+3=19
⑥ 8+2+1=11   ⑮ 5+1+9=15   ㉔ 3+6+7=16
⑦ 2+4+8=14   ⑯ 2+8+7=17   ㉕ 3+6+4=13
⑧ 1+7+9=17   ⑰ 8+9+1=18   ㉖ 3+7+4=14
⑨ 4+7+3=14   ⑱ 9+1+6=16   ㉗ 5+8+5=18

5-A　p.98

① 7, 7　　⑥ 5, 5　　⑪ 4, 4

② 3, 3　　⑦ 8, 8　　⑫ 8, 8

③ 7, 7　　⑧ 9, 9　　⑬ 5, 5

④ 6, 6　　⑨ 9, 9　　⑭ 8, 8

⑤ 9, 9　　⑩ 6, 6　　⑮ 9, 9

5-B　p.99

① 8, 3　　⑤ 7, 4　　⑨ 8, 2

② 9, 7　　⑥ 8, 8　　⑩ 6, 5

③ 9, 4　　⑦ 6, 1　　⑪ 6, 4

④ 1, 4　　⑧ 8, 9　　⑫ 1, 8

6-A　p.100

① ●●●　　⑥ ●●●●●　　⑪ ●●●●
　　　　　　●●●●

② ●●●●　　⑦ ●●●●●●　　⑫ ●●

③ ●●●●●　　⑧ ●●●●●　　⑬ ●
　　●●●●　　　●

④ ●●●●●　　⑨ ●●●●●　　⑭ ●●●●●
　　　　　　●●

⑤ ●●●●●　　⑩ ●　　⑮ ●
　　●●●

6-B　p.101

① 5　　⑤ 6　　⑨ 4

② 3　　⑥ 2　　⑩ 5

③ 4　　⑦ 1　　⑪ 6

④ 8　　⑧ 3　　⑫ 2

7-A
p.102

① 7 ⑥ 0 ⑪ 8 ⑯ 6
② 5 ⑦ 6 ⑫ 1 ⑰ 5
③ 9 ⑧ 1 ⑬ 2 ⑱ 4
④ 3 ⑨ 8 ⑭ 3 ⑲ 10
⑤ 2 ⑩ 7 ⑮ 9 ⑳ 4

7-B
p.103

① 0 ⑤ 1 ⑨ 3
② 8 ⑥ 7 ⑩ 6
③ 7 ⑦ 1 ⑪ 5
④ 4 ⑧ 0 ⑫ 8

8-A
p.104

① 10, 14 ⑥ 10, 15 ⑪ 10, 19
② 10, 16 ⑦ 10, 18 ⑫ 10, 13
③ 10, 14 ⑧ 10, 16 ⑬ 10, 15
④ 10, 19 ⑨ 10, 12 ⑭ 10, 11
⑤ 10, 17 ⑩ 10, 18 ⑮ 10, 17

8-B
p.105

① 4+6+2=12 ⑧ 1+3+7=11 ⑮ 8+1+2=11
② 3+5+7=15 ⑨ 5+4+6=15 ⑯ 5+5+6=16
③ 9+2+1=12 ⑩ 2+8+5=15 ⑰ 7+8+3=18
④ 5+4+5=14 ⑪ 2+7+8=17 ⑱ 8+2+4=14
⑤ 1+9+7=17 ⑫ 3+7+9=19 ⑲ 6+4+8=18
⑥ 4+3+6=13 ⑬ 9+8+2=19 ⑳ 3+2+8=13
⑦ 8+1+9=18 ⑭ 7+6+4=17 ㉑ 6+7+3=16

Memo

Memo

Memo

넥서스에듀 홈페이지에서 제공하는 **계산 끝 진단평가**를 통해
여러분의 실력에 꼭 맞는 계산 끝 교재를 찾을 수 있습니다.

동영상 강의 +
문제풀이 과정

넥서스에듀 홈페이지에서 제공하는 **계산 끝 진단평가**를 통해
여러분의 실력에 꼭 맞는 계산 끝 교재를 찾을 수 있습니다.

MATH is FUN!

기초수학 초등 4학년

7권	자연수의 곱셈과 나눗셈 고급	8권	분수와 소수의 덧셈과 뺄셈 초급
1	(몇백)×(몇십)	1	분모가 같은 (진분수)±(진분수)
2	(몇백)×(몇십몇)	2	합이 가분수가 되는 (진분수)+(진분수) / (자연수)−(진분수)
3	(세 자리 수)×(두 자리 수)	3	분모가 같은 (대분수)+(대분수)
4	나누어떨어지는 (두 자리 수)÷(두 자리 수)	4	분모가 같은 (대분수)−(대분수)
5	나누어떨어지지 않는 (두 자리 수)÷(두 자리 수)	5	자릿수가 같은 (소수)+(소수)
6	몫이 한 자리 수인 (세 자리 수)÷(두 자리 수)	6	자릿수가 다른 (소수)+(소수)
7	몫이 두 자리 수인 (세 자리 수)÷(두 자리 수)	7	자릿수가 같은 (소수)−(소수)
8	세 자리 수 나눗셈 종합	8	자릿수가 다른 (소수)−(소수)

기초수학 초등 5학년

9권	자연수의 혼합 계산 / 약수와 배수 / 분수의 덧셈과 뺄셈 중급	10권	분수와 소수의 곱셈
1	자연수의 혼합 계산 ①	1	(분수)×(자연수), (자연수)×(분수)
2	자연수의 혼합 계산 ②	2	진분수와 가분수의 곱셈
3	공약수와 최대공약수	3	대분수가 있는 분수의 곱셈
4	공배수와 최소공배수	4	세 분수의 곱셈
5	약분	5	두 분수와 자연수의 곱셈
6	통분	6	분수를 소수로, 소수를 분수로 나타내기
7	분모가 다른 (진분수)±(진분수)	7	(소수)×(자연수), (자연수)×(소수)
8	분모가 다른 (대분수)±(대분수)	8	(소수)×(소수)

기초수학 초등 6학년

11권	분수와 소수의 나눗셈 (1) / 비와 비율	12권	분수와 소수의 나눗셈 (2) / 비례식
1	(자연수)÷(자연수), (진분수)÷(자연수)	1	분모가 다른 (진분수)÷(진분수)
2	(가분수)÷(자연수), (대분수)÷(자연수)	2	분모가 다른 (대분수)÷(대분수), (대분수)÷(진분수)
3	(자연수)÷(분수)	3	자릿수가 같은 (소수)÷(소수)
4	분모가 같은 (진분수)÷(진분수)	4	자릿수가 다른 (소수)÷(소수)
5	분모가 같은 (대분수)÷(대분수)	5	가장 간단한 자연수의 비로 나타내기 ①
6	나누어떨어지는 (소수)÷(자연수)	6	가장 간단한 자연수의 비로 나타내기 ②
7	나누어떨어지지 않는 (소수)÷(자연수)	7	비례식
8	비와 비율	8	비례배분